Jochen Gabrisch

Führungsinstrument Mitarbeiterkommunikation

Wie gute Gesprächsführung im Team gelingt – Mitarbeitergespräche gekonnt führen

managerSeminare Verlags GmbH – Edition managerSeminare

Jochen Gabrisch
Führungsinstrument Mitarbeiterkommunikation
Wie gute Gesprächsführung im Team gelingt –
Mitarbeitergespräche gekonnt führen

3. Aufl. 2025
Endenicher Str. 41, D-53115 Bonn
Tel.: 0228-977910
info@managerseminare.de
www.managerseminare.de/shop

Printed in Germany

ISBN: 978-3-95891-051-5

Herausgeber der Edition managerSeminare:
Ralf Muskatewitz, Jürgen Graf, Nicole Bußmann

Lektorat: Ralf Muskatewitz
Coverfoto: ©iStock_johnnyGreig, Montage: Stefanie Diers
Illustrationen: Stefanie Diers
Druck: Beltz Grafische Betriebe, Bad Langensalza

Das Buch wurde gedruckt auf enviro®polar und CircleOffset White. Die Papiere erfüllen die Auflagen der Umweltzeichen „Blauer Engel (RAL-UZ 72)" und „EU-Umweltzeichen (ECO-Label)". Die mit dem Druck verbundenen CO_2-Emissionen werden vom Verlag kompensiert und fließen in unterschiedliche Aufforstungsprojekte zum Klimaschutz. Nähere Informationen finden Sie unter: www.managerseminare.de/verlag/umwelt

Inhalt

Einleitung

Mind-Map 6

Darum geht's 8

1 Werkzeugkoffer Kommunikation 10

1.1 Die Basis guter Kommunikation – Gesprächsvorbereitung 11
- Vom Gesprächsanlass zum Gesprächsziel 11
- Die Perspektive Ihrer Gesprächspartner einnehmen 12
- Das Gespräch strukturieren 15
- Die eigene Position reflektieren 15
- Konstruktive Rahmenbedingungen schaffen 18

1.2 Jedes Wort zählt – Sprache als Führungsinstrument 19

1.3 Wer fragt, der führt – Fragetechnik 21
- Offene und geschlossene Fragen 22
- Fokusfragen 23
- Nachhaken 24

1.4 Leistung und Lernen optimieren – Feedback und Feedforward 25

1.5 Nach dem Gespräch ist vor dem Gespräch – Gesprächsabschluss und -nachbereitung 27

2 Mitarbeitergespräche im Tagesgeschäft 30

2.1 Fokus Grundlagen 31
- One-to-Ones 31
- Team-Meetings 34
- E-Kommunikation 37

2.2 Fokus Aufgabe ... 39
• Delegieren und Erteilen von Aufgaben ... 39
2.3 Fokus Feedback ... 43
• Positives Feedback ... 43
• Klärungsgespräch ... 46
• Kritisches Feedback zur Leistung ... 49
• Kritisches Feedback zum Verhalten ... 53

3 Mitarbeitergespräche im Personallebenszyklus ... 58

3.1 Fokus Personalgewinnung ... 59
• Auswahlgespräch ... 59
3.2 Fokus Einarbeitung ... 69
• Onboarding-Gespräch ... 69
• Probezeitgespräch ... 71
3.3 Fokus Personalentwicklung ... 75
• Persönliche Entwicklung ... 75
• Seminar-Transfer ... 80
• Laufbahnplanung ... 82
• Rückkehrgespräch ... 85
3.4 Fokus Leistung ... 87
• Zielvereinbarung ... 87
• Beurteilung ... 90
• Gehalt ... 93
3.5 Fokus Handlungsbedarf ... 97
• Kommunikation in Veränderungsprozessen ... 97
• Konflikte im Team ... 102
• Low Performer ... 106
• Alkoholmissbrauch ... 109
• Abmahnung ... 112
3.6 Fokus Trennung ... 115
• Kündigung ... 115
• Exit-Interview ... 119
3.7 Extra ... 121
• Upward-Feedback ... 121

Service

Literaturverzeichnis ... 125
Stichwortverzeichnis ... 126

Einleitung

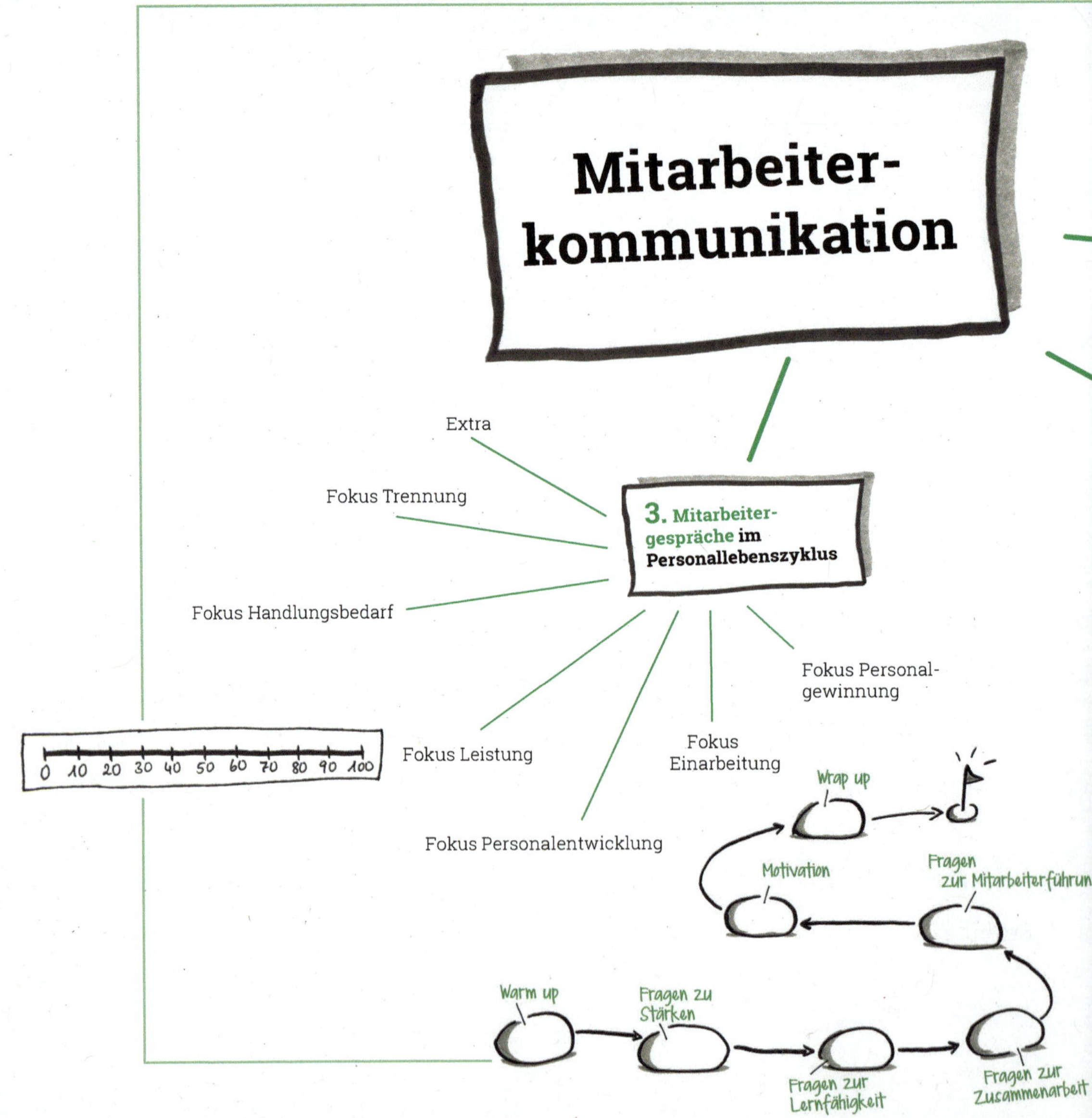

Jochen Gabrisch

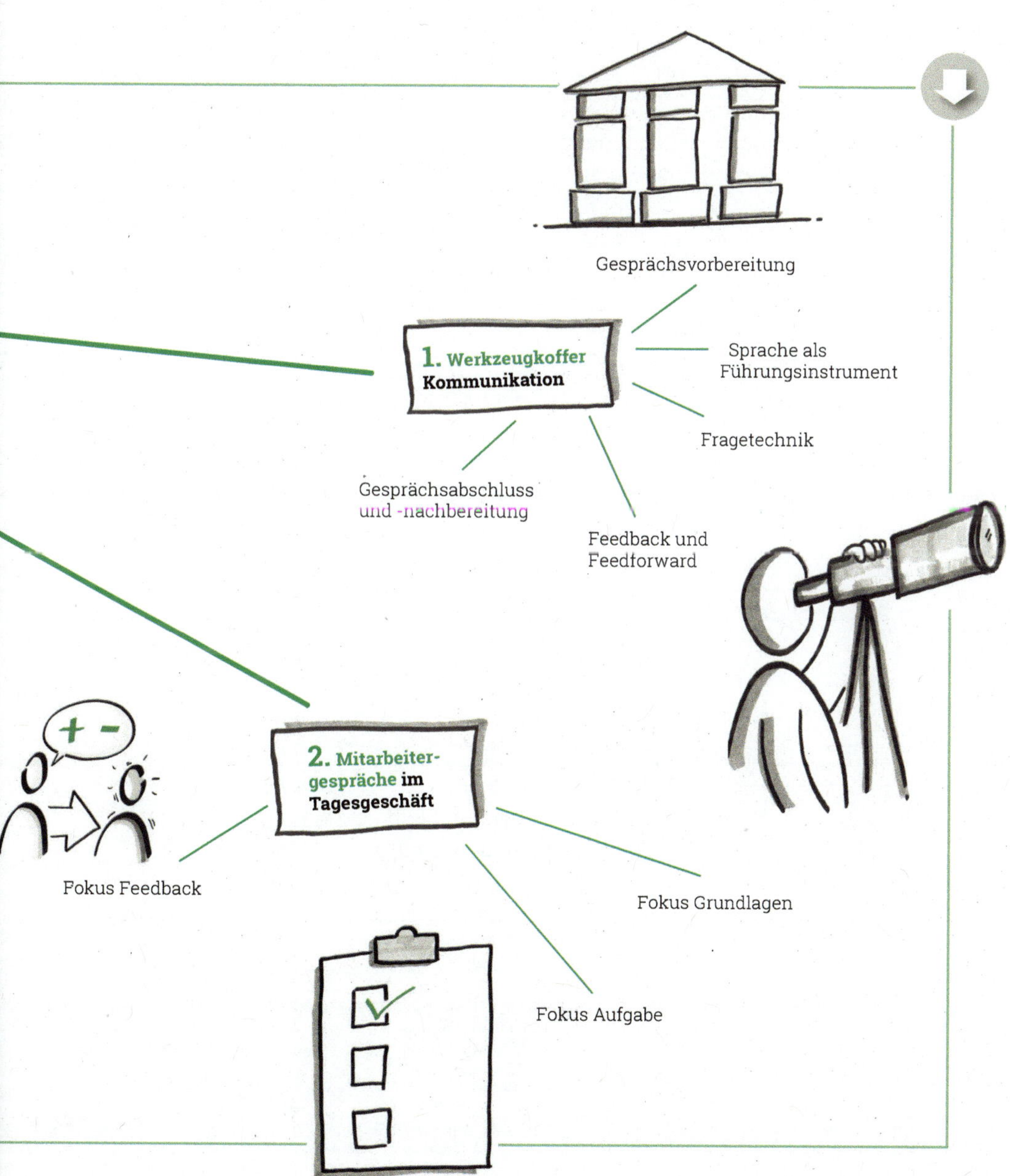
Gesprächsvorbereitung
1. Werkzeugkoffer Kommunikation
Sprache als Führungsinstrument
Fragetechnik
Gesprächsabschluss und -nachbereitung
Feedback und Feedforward
+ -
2. Mitarbeitergespräche im Tagesgeschäft
Fokus Feedback
Fokus Grundlagen
Fokus Aufgabe

Darum geht's

Kommunikation ist eines der wichtigsten Führungsinstrumente. In Teams, in denen strukturiert, klar und offen miteinander gesprochen wird, nehmen die Qualität der Arbeit ebenso wie die Motivation und Zufriedenheit der Mitarbeiter und Führungskräfte spürbar zu. Das gilt umso mehr in komplexen, schnellen und oft auch unsicheren, sprich agilen Arbeitswelten, in denen es mehr denn je auf eine gute Abstimmung ankommt.

Mitarbeiterkommunikation ist Hochleistungskommunikation. Im Spannungsfeld von schnellen Märkten und ambitionierten Zielen einerseits sowie persönlichen Interessen und Erwartungen andererseits, muss sie hohe Anforderungen an Wirksamkeit und Wirtschaftlichkeit erfüllen. In dieser Hinsicht ist Mitarbeiterkommunikation deutlich anspruchsvoller als Alltagskommunikation und verhält sich zu dieser wie ein Drei-Gänge-Menü zu einer Brotzeit.

Vor diesem Hintergrund verfolgt dieses Buch zwei Ziele: Führungskräfte noch stärker für die Wichtigkeit professioneller Mitarbeitergespräche zu sensibilisieren und, darauf aufbauend, das passende Handwerkszeug für erfolgreiche Mitarbeitergespräche zur Verfügung zu stellen. Dazu finden Sie kompaktes Grundlagenwissen sowie 25 praxisnahe Gesprächsleitfäden für die häufigsten Gesprächsanlässe in Organisationen – von der Auswahl bis zur Zielvereinbarung.

- **Teil 1** gibt Ihnen einen Überblick über die fünf aus meiner Sicht wichtigsten Gesprächstechniken mit praktischen Beispielen.
- In **Teil 2** finden Sie kommentierte Gesprächsleitfäden für Mitarbeitergespräche im Tagesgeschäft.
- In **Teil 3** erhalten Sie schließlich Leitfäden für Mitarbeitergespräche im Personallebenszyklus.

Die Teile 2 und 3 nutzen Sie am besten situativ zur Gesprächsvorbereitung.

Jochen Gabrisch

Zu diesem Buch gibt es Download-Material mit Arbeitsblättern für Ihre tägliche Arbeit. Download-Hinweise finden Sie jeweils direkt an der entsprechenden Stelle. Ein Bonus-Handout finden Sie ebenfalls in den Download-Ressourcen: den **Katalog individueller Eigenschaften**. Diese Übersicht bietet Ihnen als „Wörterbuch der Stärken" eine qualifizierte Orientierungshilfe, um individuelle Eigenschaften Ihrer Mitarbeiter zu erkennen. Der Katalog ist gut geeignet für den Einsatz in Feedback- und Entwicklungsgesprächen.

Download-Handouts erkennen Sie an diesem Symbol.

Den Link zum Katalog individueller Eigenschaften und zu weiteren digitalen Handouts finden Sie in der Umschlagklappe.

Noch ein Hinweis zur Sprache in diesem Buch: Aus Gründen der Lesbarkeit nutze ich durchgängig die Begriffe der Mitarbeiter (er) und die Führungskraft (sie) – gemeint sind jeweils alle Führungskräfte und Mitarbeitende, unabhängig vom Geschlecht.

Ich wünsche Ihnen eine anregende Lektüre und erfolgreiche Gespräche mit Ihren Mitarbeitern.

Ihr Jochen Gabrisch

1 Werkzeugkoffer Kommunikation

Wie jede andere Disziplin bedient sich gelungene Kommunikation professioneller Instrumente. Dieser erste Teil fasst die fünf wichtigsten Erfolgsfaktoren zusammen, mit denen Sie die Wirksamkeit Ihrer Mitarbeiterkommunikation spürbar steigern:

- **Die Basis guter Kommunikation – Gesprächsvorbereitung**
  Mit einer strukturierten Planung von Gesprächen steigern Sie die Gesprächsqualität erheblich. Die Vorbereitung umfasst das Festlegen von Gesprächsziel und -struktur, ebenso wie das Reflektieren der eigenen Position, das Einbeziehen möglicher Reaktionen Ihres Gesprächspartners und das Schaffen konstruktiver Rahmenbedingungen.

- **Jedes Wort zählt – Sprache als Führungsinstrument**
  Die kommunikative Wirkung einer Führungskraft trägt entscheidend zu ihrem Erfolg bei. Dieses Kapitel möchte Sie für die Wichtigkeit von Formulierungen sensibilisieren und gibt Ihnen erste Ideen für die Umsetzung an die Hand.

- **Wer fragt, der führt – Fragetechnik**
  Fragen sind der Königsweg, um Mitarbeiter aktiv einzubeziehen. In diesem Kapitel lernen Sie die wichtigsten Fragetechniken anwenden: Offene und geschlossene Fragen, Fokusfragen und Nachhaken.

Jochen Gabrisch

- **Leistung und Lernen optimieren – Feedback und Feedforward**
  Die Rückmeldung zur eigenen Leistung ist ein wichtiger Stellhebel für die Arbeitsqualität. Neben der Feedback-Technik vermittelt dieses Kapitel auch die Vorteile des Feedforward, mit dem Sie die Aufmerksamkeit des Mitarbeiters aus das erwartete, zukünftige Verhalten lenken.

Download: Die fünf wichtigsten Instrumente für gelungene Mitarbeiterkommunikation

- **Nach dem Gespräch ist vor dem Gespräch – Gesprächsabschluss und -nachbereitung**
  Mit einem verbindlichen Gesprächsabschluss und einer konsequenten Nachbereitung schließt sich der Kreis professioneller Gesprächstechnik.

Vielleicht nutzen Sie einige dieser Techniken schon bewusst oder unbewusst. Es lohnt sich auch dann, dass Sie sich diese immer wieder einmal in Erinnerung rufen und für sich rekapitulieren. Denn die konsequente und versierte Anwendung dieser wenigen und für sich genommen größtenteils recht leicht anzuwendenden Techniken ist entscheidend für den kommunikativen Erfolg im Führungsalltag.

1.1 Die Basis guter Kommunikation – Gesprächsvorbereitung

Die Grundlage für erfolgreiche Mitarbeitergespräche ist eine gute Vorbereitung. Diese Vorbereitung kostet zunächst Zeit. Doch diese Zeit ist sehr gut investiert, weil die Vorarbeit den Wirkungsgrad von Gesprächen spürbar erhöht. Mit den folgenden Hinweisen gehen Sie sattelfest in Einzel- und Gruppentermine und haben den Kopf frei für das, was im Gespräch passiert.

Vom Gesprächsanlass zum Gesprächsziel

Wenn Führungskraft und Mitarbeiter geplant zusammenkommen, gibt es immer einen Gesprächsanlass. Dazu gehören beispielsweise ein re-

Das Gesprächsziel

gelmäßiges Team-Meeting, Verhaltensauffälligkeiten oder ein Feedback zu einer guten Leistung. Der Gesprächsanlass ist für sich genommen allerdings nicht hinreichend, um das Gespräch in konstruktive Bahnen zu lenken. Deshalb ist es sinnvoll, aus dem Gesprächsanlass ein Gesprächsziel abzuleiten. Dieses Ziel hilft Ihnen, das Gespräch konsequent auszurichten. Ziele bringen zum Ausdruck, was Sie gemeinsam mit Ihren Mitarbeitern erreichen wollen:

Gesprächsanlass	Mögliches Gesprächsziel
Ein Mitarbeiter kommt häufig zu spät.	Ich möchte erreichen, dass der Mitarbeiter wieder pünktlich zur Arbeit kommt.
Ein Mitarbeiter hat ein Projekt erfolgreich abgeschlossen.	Ich will dem Mitarbeiter Anerkennung zollen und gemeinsam seine Erfolgsfaktoren herausarbeiten.
Das wöchentliche Team-Meeting steht an.	Ich will über die neue Geschäftsstrategie informieren und erste Ideen für deren Umsetzung generieren.

Haben Sie die Ziele festgelegt, lohnt es sich, vom Ende her zu denken und sich ein paar Gedanken zu deren Umsetzung im Alltag zu machen. Dabei unterstützen Sie die nachfolgenden Fragen:

- Welches könnten Zwischenziele sein, um beispielsweise zunächst für ein Thema zu sensibilisieren?
- In welchem Umfang sind Sie bereit und selbstständig in der Lage, Ihre Ziele engagiert nachzuhalten?
- Welche Konsequenzen können und wollen Sie ziehen, falls Ihre Erwartungen nicht erfüllt werden?

Die Perspektive Ihrer Gesprächspartner einnehmen

Mögliche Sichtweisen Ihres Gesprächspartners

Auf Basis der Gesprächsziele ist es empfehlenswert, die (möglichen) Sichtweisen und Reaktionen Ihrer Gesprächspartner einzubeziehen. Insbesondere bei kritischen Verhaltensweisen des Mitarbeiters und größeren Veränderungen ist die Wahrscheinlichkeit hoch, dass die Ziele der Führungskraft nicht unkommentiert aufgenommen werden. Die folgenden Fragen sind hilfreich, um sich ein Stück weit in den Mitarbeiter hineinzuversetzen:

- Was bedeutet Ihr Ziel für den/die Mitarbeiter?
- Welches (lieb gewonnene) Verhalten muss der Mitarbeiter ggf. verändern?
- Welche Vorteile und welche Nachteile bringt das mit sich?
- Ist der Mitarbeiter qualifiziert, die Veränderungen umzusetzen?
- Welche Einwände könnten Mitarbeiter äußern?

Unsachliche Einwände

Insbesondere lohnt es sich, mögliche Einwände des Mitarbeiters vorwegzunehmen. Zwei Arten von Einwänden kommen häufig vor:

- Sachlich begründete Einwände
- Unsachliche Einwände, die der Ablenkung oder der Provokation dienen

Hat der Mitarbeiter die bessere Idee oder begründete Einwände, spricht alles dafür, diese aufzugreifen und sich damit auseinanderzusetzen, zum Beispiel mit diesen Formulierungen:

- Wie würden Sie vorgehen?
- Welchen Vorteil bietet Ihre Vorgehensweise?
- Wie würden Sie das Projekt priorisieren?
- Welche Schwierigkeiten sehen Sie?
- Aus welchen Gründen denken Sie, dass das nicht so gut funktioniert?
- Was können wir besser machen?

Passt der Einwand gerade nicht in den Gesprächsfluss, ist es auch eine gute Idee, ihn zu notieren, um später darauf zurückzukommen.

Provozierende Einwände

Wie verhält es sich aber mit unsachlichen und teils auch provozierenden Einwänden wie den folgenden?

- Kontrollieren Sie mich etwa?
- Bisher war das ja scheinbar immer in Ordnung.
- Herr Müller surft mindestens genauso viel im Internet.
- Wir sind doch hier nicht auf einer Galeere!

Zwei Prinzipien helfen Ihnen, das Gespräch zügig in die Sachlichkeit zurückzuführen. Als erster Grundsatz gilt: Sprechen Sie den unsachlichen Beitrag direkt an. Indem Sie solch deplatzierte Kommentare nicht durchgehen lassen, signalisieren Sie dem Mitarbeiter, dass Sie das Gespräch nach Ihren Regeln steuern. In vielen Situationen funktioniert das mit dieser Formulierung recht gut: „Ihr Einwand überrascht mich

– bitte bleiben Sie sachlich." Etwas eleganter ist es, die Bemerkung auch inhaltlich aufzugreifen, was ein wenig Übung erfordert:

Abb.: Fordern Sie Sachlichkeit ein

- Es geht um die Einhaltung von Regeln, die für alle Mitarbeiter gleich gelten. Bitte seien Sie in Zukunft wieder pünktlich.
- Ich habe das Thema bisher nicht angesprochen, weil ich davon ausgegangen bin, dass Sie Ihr Verhalten von sich aus ändern.
- Wenn es notwendig sein sollte, spreche ich auch mit den Kollegen. In diesem Gespräch geht es allerdings um Sie.
- Ja, das stimmt, wir sind bei (Unternehmen). Bitte halten Sie sich an die Regeln der Zusammenarbeit.

Weitere Hinweise finden Sie bei den einzelnen Gesprächsarten (Teil 2 und 3) in der Rubrik Einwandbehandlung.

Bleiben Sie selbst sachlich

Als zweiter Grundsatz hat es sich bewährt, selbst sachlich zu bleiben. Es ist die Aufgabe der Führungskraft, dass die Diskussion wieder auf Augenhöhe stattfindet. Lassen Sie sich deshalb nicht verleiten, emotional zu reagieren. An diesem Punkt hilft oft schon die Erkenntnis, dass Ihr Mitarbeiter mit einiger Wahrscheinlichkeit nicht Sie als Person im Vordergrund sieht, sondern Ihre Rolle als Führungskraft. Bleiben Sie deshalb gelassen und fokussieren Sie sachlich, freundlich und bestimmt auf Ihr Anliegen.

Das Gespräch strukturieren

Die klare, verbindliche und kompakte Präsentation eines Anliegens entscheidet mit über den Gesprächserfolg. Zunächst sichert eine in sich schlüssige Argumentation das Verständnis. Weiterhin steigern Sie mit gut dargelegten Argumenten Ihre Überzeugungskraft. Und schließlich bieten Sie weniger Anlässe für Einwände und Rückfragen, wenn Sie Ihrem ‚roten Faden' folgen.

Die nachfolgenden Fragen unterstützen Sie beim Festlegen des Gesprächsaufbaus:

- Welche Überschrift würden Sie dem Gespräch geben?
- Mit welchem ersten Satz wollen Sie nach der Begrüßung in das Gespräch starten?
- Welches sind die maximal zwei bis drei Begründungen für Ihr Anliegen?
- Welche zwei bis drei Kernaussagen wollen Sie treffen?
- Welche möglichen Einwände des Mitarbeiters können Sie ggf. schon in Ihre Argumentation einbauen?
- Welche Fragen wollen Sie stellen? (siehe Fragetechnik S. 21 ff., Teil 2 und 3)
- Wie können Sie den Gesprächsabschluss verbindlich gestalten?

Download: Diese Fragen unterstützen Sie als roter Faden beim Festlegen des Gesprächsaufbaus

Insbesondere bei kritischen Themen bietet es sich an, einzelne Inhalte vor dem Gespräch auszuformulieren. So stellen Sie sicher, dass Sie Klartext reden und dass Ihre Inhalte ankommen.

Die eigene Position reflektieren

Persönliche Faktoren, namentlich Rollenverständnis, persönliche Agenda und Stimmung, können – unbearbeitet – in Gesprächen eine große Dynamik entfalten. Deshalb unterstützt es die Gesprächsführung, diese vorab zu reflektieren. Die nachfolgenden Hinweise und Fragen helfen dabei:

Rollenverständnis

Eine Führungskraft geht nicht als Privatperson in ein Gespräch. Sie hat durch ihre Rolle bestimmte Vorgaben des Unternehmens zu erfüllen, die nicht unbedingt mit persönlichen Überzeugungen und Vorstellungen

Seien Sie sich den Anforderungen an Ihre Rolle als Führungskraft bewusst

übereinstimmen müssen. Deshalb macht es sich bezahlt, die Rollenanforderungen genau zu betrachten und auf mögliche Rollenkonflikte hin zu untersuchen. Bleiben diese unerkannt, hat die Führungskraft im Gespräch gedanklich alle Hände voll zu tun, sich zwischen diesen unterschiedlichen Anforderungen eindeutig zu positionieren. Denken Sie nur an eine Führungskraft, die einen langjährigen, ebenso kompetenten wie freundlichen Mitarbeiter entlassen muss. Die nachfolgenden Fragen unterstützen Sie dabei, mögliche Rollenkonflikte zu erkennen und einen verbindlichen Standpunkt einzunehmen:

- Welche Anforderungen stellt Ihre Rolle im Unternehmen an Sie?
- Wie stehen Sie als Führungskraft dazu? Wie als Privatperson?
- Wie begründen Sie für sich, dass Sie den Rollenanforderungen gerecht werden?
- Wo ziehen Sie Ihre persönliche Grenze in Abgrenzung zu Rollenanforderungen?

Persönliche Agenda

Hinterfragen Sie persönliche Zielsetzungen

Neben den Sachzielen ist es gut möglich, dass eine Führungskraft auch eine persönliche Agenda mit ins Gespräch bringt. Beispielsweise, sich als souveräner Vorgesetzter zu behaupten, eigene Ideen durchzusetzen, sich nicht unbeliebt zu machen oder das Gespräch schnell zu beenden. Diese persönlichen Zielsetzungen werden nur selten bewusst hinterfragt. Um sich eine mögliche persönliche Agenda bewusst zu machen, ist es hilfreich, vor einem Mitarbeitergespräch die folgenden Fragen zu beantworten:

- Welche persönlichen Themen bringen Sie ggf. mit in das Gespräch?
- Welche Gefühle haben Sie in Bezug auf das Gespräch?
- Was möchten Sie ggf. vermeiden?
- Wie unterstützt oder behindert diese „persönliche Agenda" das Erreichen der inhaltlichen Ziele des Gesprächs?
- Wie lassen sich Ihre persönlichen Ziele ggf. neu definieren?

Stimmungen

Vielleicht haben Sie das selbst schon einmal erlebt: Sie erhalten positive Neuigkeiten und gehen, davon beschwingt, gut gelaunt in den nächsten Termin. Ob gute oder weniger gute Nachrichten – die Stimmung, mit der Sie in ein Gespräch gehen, sitzt gewissermaßen immer mit am Besprechungstisch. Das wäre weiter nicht der Rede wert, würden nicht

Mikrobotschaften

sogenannte Mikrobotschaften, wie etwa ein kurzes Hochziehen der Augenbrauen oder ein verstohlener Blick auf die Uhr, Ihren Gesprächspartnern Anhaltspunkte dafür geben, was Sie denken und fühlen. Weil diese Mikrobotschaften sehr zahlreich sind und meist unbewusst ablaufen, lassen sie sich so gut wie nicht kontrollieren. Deshalb ist es empfehlenswert, die eigenen Gedanken und Gefühle unmittelbar vor einem Gespräch kurz zu reflektieren:

- In welcher Stimmung sind Sie gerade und wie könnte diese das Gespräch beeinflussen?
- Welche Gefühle haben Sie in Bezug auf den Mitarbeiter und wie könnten diese das Gespräch beeinflussen?

Abb.: Arbeiten Sie an einer gelassenen, positiv-neutralen Grundhaltung

Je nach den Antworten auf diese Fragen können Sie aktiv an einer gelassenen, positiv-neutralen Grundhaltung arbeiten. Beispielsweise, indem Sie negative Gedanken durch Aufschreiben auf einem Gedankenparkplatz zwischenlagern bis das Mitarbeitergespräch beendet ist. Sollten Sie Vorbehalte gegenüber einem Mitarbeiter haben, überlegen Sie bewusst, was es Gutes über ihn zu sagen gibt. Stellen Sie sich ganz bewusst einen positiven Ausgang des Gesprächs vor und überlegen, wie Sie dieses Ergebnis erzielt haben könnten. Bewusstes, langsames Ein- und Ausatmen lässt Sie ggf. zur Ruhe kommen.

Konstruktive Rahmenbedingungen schaffen

Die folgenden Rahmenbedingungen tragen zu einer positiven Grundstimmung von Gesprächen bei, die den inhaltlichen Austausch spürbar erleichtert:

Gespräch ankündigen

Geben Sie Ihrem Gesprächspartner die Chance, sich auf das Gespräch vorzubereiten

Die meisten der in diesem Buch behandelten Gespräche profitieren davon, wenn Mitarbeiter rechtzeitig über Termin und Gesprächsanlass informiert sind und sich vorbereiten können. Gespräche, in denen es um kritische Themen geht, sollten nach der Ankündigung zügig terminiert werden, am besten noch am selben Tag, damit der Mitarbeiter nicht ins Grübeln kommt. Bei positiv konnotierten Gesprächen ist es hilfreich, dem Mitarbeiter mit der Einladung schon einige Fragen zur Gesprächsvorbereitung an die Hand zu geben.

Termine einhalten

Ist das Gespräch terminiert, sollte es wie geplant stattfinden. Das signalisiert dem Mitarbeiter die Wichtigkeit des Gesprächs und damit auch seinen eigenen Stellenwert. Lässt sich eine Terminverschiebung nicht verhindern, sollte der Ersatztermin zeitnah stattfinden. Auch der pünktliche Beginn eines Gesprächs zahlt auf dessen Atmosphäre ein – Pünktlichkeit ist die Höflichkeit der Könige, sagt man ja auch.

Gesprächsraum schaffen

Schaffen Sie eine offene Gesprächsatmosphäre

Der beste Ort für Einzelgespräche sind der Besprechungstisch im Büro der Führungskraft oder eine ruhige Besprechungsecke. Förderlich für eine offene Gesprächsatmosphäre ist es, wenn die Gesprächspartner über Eck sitzen. Unterbrechungen sollten vermieden oder – falls das nicht machbar ist – vorher angekündigt werden. Mobile Endgeräte bleiben ausgeschaltet – selbst ein Vibrationsalarm lenkt ab und wie schnell hat man einen kurzen Blick auf den Nachrichteneingang geworfen. Ein Getränkeangebot rundet das Setting bei längeren Gesprächen ab.

1.2 Jedes Wort zählt – Sprache als Führungsinstrument

Ein Sachverhalt, zwei Wirkungen

Sprache ist eines der wichtigsten Führungswerkzeuge. Doch gerade, weil wir Sprache jeden Tag ganz selbstverständlich benutzen, denken wir nicht mehr viel darüber nach, wie wir etwas sagen. Wir sagen es einfach. Dabei gerät leicht aus dem Blickfeld, dass die Art, wie wir Inhalte formulieren, bei unserem Gesprächspartner eine sehr unterschiedliche Wirkung auslösen kann. Die beiden folgenden Varianten von Mitarbeitergesprächen illustrieren das – zwei Führungskräfte präsentieren einen vergleichbaren Sachverhalt in unterschiedlichen Formulierungen. Damit sich die Sätze leicht vergleichen lassen, sind jeweils nur die Beiträge der Führungskraft wiedergegeben.

Führungskraft A	Führungskraft B
Guten Morgen, Herr Janson. Geht's gut? Bitte. *(Deutet auf einen Stuhl)* Wasser?	Hallo, Herr Janson, schön, Sie zu sehen. Wie geht es Ihnen? Wollen wir uns setzen! Sie bedienen sich beim Wasser!?
Also, es geht heute um ... Das ist ja ganz gut gelaufen. Das war solide Arbeit. Die Projektplanung war in Ordnung. Aber meinen Sie nicht auch, man müsste ...?	Mir ist unser Gespräch heute wichtig, weil ... Ich freue mich sehr über das gute Ergebnis. Ich schätze Ihren Beitrag im Projekt.
Wo hat es denn gehakt? Ja schon, ähm, aber das Problem ist ja, ...?	Was ist Ihnen besonders gut gelungen? – Ja, das sehe ich genauso. Was können Sie noch verbessern? Gute Idee, leiten Sie das bitte in die Wege.
Ich bin gespannt, ob das funktioniert. Vereinbaren Sie einen Termin für Freitag. Da liegt ja noch einiges an Arbeit vor Ihnen. Dann bis Freitag.	Prima, ich bin gespannt auf das Ergebnis. Bis wann können Sie das erledigen? Da sind wir einen guten Schritt weiter. Danke für unser Gespräch und bis Mittwoch.

Welche Wirkung entfalten die beiden Gespräche bei Ihnen?

- In welche Stimmung kommen Sie beim Lesen der beiden Dialogfragmente?
- Welche persönlichen Eigenschaften würden Sie der jeweiligen Führungskraft aufgrund ihrer Formulierungen zuschreiben?

- Welche Handlungen und Schlussfolgerungen würden Sie als Mitarbeiter der jeweiligen Führungskraft aus den Gesprächen ableiten?

Mitarbeitergespräch in zwei Varianten

Wir haben es mit einem ungefähr identischen Sachverhalt zu tun. Das Gespräch von Führungskraft A ist im Vergleich eindeutig weniger gut gelungen, die Wirkung auf den Gesprächspartner negativ.

Folgende Eigenschaften könnte man den Aussagen bzw. dem Kommunikationsstil von Führungskraft A zuschreiben, jeweils ergänzt um ausgewählte ursächliche Formulierungen aus dem Dialog:

- förmlich, kurz angebunden: Guten Morgen, Wasser?
- sachlich-distanziert: Geht es um, das ist ja, solide Arbeit
- kritisch: Ganz gut gelaufen, aber, wo hat es gehakt, Problem, ob das funktioniert
- unverbindlich/zögerlich: Man müsste, ähm
- autoritär/bestimmend: Bitte, Wasser, das war

Das Gespräch mit Führungskraft B entfaltet eine deutlich angenehmere Wirkung und auch hier liegen die Gründe in den jeweiligen Formulierungen:

- *kooperativ*: Schön, Sie zu sehen, unser Gespräch, bis wann?, danke
- *interessiert*: Wie geht es Ihnen? Was ist Ihnen ...? Wie können Sie ...?
- *zielgerichtet*: Wollen wir uns setzen, leiten Sie das in die Wege, erledigen *verantwortlich*: Mir ist wichtig, das sehe ich
- *emotional*: Ich freue mich, ich schätze
- *anerkennend*: Besonders gut gelungen, einen guten Schritt weiter

Unterschiedliche Gesprächssituationen erfordern unterschiedliche Formulierungen

Die beiden Dialoge zeigen, welchen Unterschied in der Wirkung die Formulierung eines Sachverhalts ausmacht. Dabei gibt es, wie in diesem Beispiel, nicht immer ein eindeutiges Richtig oder Falsch. Das Gespräch von Führungskraft B wird mit einem guten oder sehr guten Mitarbeiter prima funktionieren. Bei einem Mitarbeiter, der es beispielsweise mit der Einhaltung von Regeln nicht so genau nimmt, kann es durchaus hilfreich sein, das Gespräch etwas bestimmter und distanzierter zu führen. Und in einem Sachvortrag nutzen Sie wahrscheinlich statt emotionaler Worte mehr Fachbegriffe. Der Sprachgebrauch hängt also auch davon ab, welche Wirkung Sie in einer bestimmten Situation erzielen wollen. Für das Gros der Mitarbeitergespräche ist allerdings die konstruktive Sprache von Führungskraft B in obigem Beispiel eine gute Ausgangsbasis.

Exkurs: Sprache im Führungsalltag optimieren

Gerade weil Sprache meistens automatisch eingesetzt wird, lohnt es sich, Transparenz in den eigenen Sprachgebrauch zu bringen. Beispielsweise, indem Sie Ihren Sprachgebrauch direkt nach einem Gespräch reflektieren. Oder indem Sie einen guten Kollegen um ein Feedback zu Ihren Formulierungen bitten. Auch die digitale Sprachanalyse hilft dabei, Sprachmuster zu erkennen.

Download: Übung zum Umformulieren eines Dialogs und eine Liste mit „starken" Verben

Ebenso zügige wie nachhaltige Erfolge beim Verändern Ihrer Sprache erzielen Sie am einfachsten, wenn Sie sich zunächst auf ein Sprachmerkmal fokussieren. Wenn Sie sich also beispielsweise vornehmen, mehr in der Ich-Form, statt von „man" zu sprechen, mehr Pausen zu machen, anstatt „ähm" zu sagen, kürzere Sätze zu verwenden, offene Fragen zu stellen oder verstärkt aktivierende Worte einzuflechten. Bei vielen Sprachmerkmalen liegt der Erfolg einer Veränderung darin, sich im Alltag daran zu erinnern. Das erreichen Sie beispielsweise durch Post-it-Notizen, Einträge im Kalender oder auch durch ein Symbol, das Sie auf Ihrem Schreibtisch an Ihr Projekt erinnert.

1.3 Wer fragt, der führt – Fragetechnik

Fragekompetenz

Führungskräfte sind heute nicht mehr so sehr (fachliche) Autorität, in stärkerem Maße sind sie Sparringspartner, Moderator sowie Initiator und Treiber von Ideen. Eine wesentliche Voraussetzung, um diese Rolle erfolgreich auszufüllen, ist eine professionelle Fragekompetenz, gepaart mit der Fähigkeit zum Zuhören. Auch wenn Fragen den Arbeitsprozess zunächst verlangsamen, zahlt es sich aus, Mitarbeiter intensiv einzubinden. Bessere Ergebnisse und motivierte Mitarbeiter sind schon kurzfristig die Folge.

Offene und geschlossene Fragen

Download: Je eine Übung zu den folgenden Fragetypen

Der Klassiker der Fragetechnik sind geschlossene und offene Fragen. Letztere regen den Mitarbeiter dazu an, nachzudenken und ausführlich zu antworten: Was? Wer? Aus welchem Grund? Wie? Womit? Wozu? Auf welche Weise? Offene oder „W-Fragen" kommen zum Einsatz, wenn Sie möglichst viele Informationen aus Sicht des Mitarbeiters gewinnen wollen:

Offene Fragen

- Wie wollen Sie das Projekt angehen?
- Was ist Ihnen besonders gut gelungen?
- Wie ist das Gespräch gelaufen?
- Was fanden Sie bei Ihrem Seminar besonders hilfreich?
- Für wen könnte dieses Angebot noch interessant sein?
- Welche Erfahrungen haben wir in diesem Bereich schon?
- Was wollen wir dem Kunden anbieten?
- Aus welchen Gründen haben Sie sich für diese Variante entschieden?

Mit geschlossenen Fragen reduzieren Sie die Antwortmöglichkeiten des Mitarbeiters auf Ja oder Nein bzw. A oder B und gewinnen dadurch (abschließende) Klarheit:

Geschlossene Fragen

- Wollen Sie an dem Training teilnehmen?
- Passt das so für Sie?
- Können Sie diese Aufgabe vorziehen?
- Hat sich Frau Schuster schon gemeldet?
- Wollen Sie das Seminar lieber im Mai oder August besuchen?

Was sich in der Theorie leicht anhört, ist im Führungsalltag nicht immer so leicht umzusetzen, in dem es ja nicht vorrangig um Fragetechnik geht. Viele Führungskräfte neigen aus vermeintlicher Effizienz dazu, geschlossene Fragen zu stellen. Selbst wenn sie sich gezielt vornehmen, eine offene Frage zu formulieren, ist das Ergebnis doch oft eine geschlossene Frage; das habe ich in Seminaren häufig erlebt. Weil der Wirkungsgrad einer offenen Frage ungleich größer ist, lohnt es sich deshalb, vor wichtigen Gesprächen drei bis fünf offene Fragen zu notieren, die Sie Ihrem Mitarbeiter stellen könnten. Mit der Zeit werden offene Fragen so zum festen Bestandteil Ihres Sprachrepertoires.

Fokusfragen

Mit Fokusfragen bestimmen Sie den inhaltlichen Schwerpunkt eines Gesprächs in drei Ausprägungen.

Verständnisfragen

Verständnisfragen dienen dazu, Informationen zu generieren, um einen Sachverhalt zu klären: Wie hat der Kunde reagiert? Verständnisfragen sorgen im Gespräch dafür, dass eine sachliche Atmosphäre entsteht und eignen sich deshalb gut zum Gesprächseinstieg, insbesondere bei kritischen Themen. Auch wenn ein Gespräch zu emotional wird, lassen sich die Wogen mit Verständnisfragen glätten:

- Was ist passiert?
- Was hat sich seit unserem letzten Meeting getan?
- Wie wollen Sie vorgehen?
- Welche Konditionen haben Sie Frau Mayer angeboten?
- Was haben Sie geplant?
- Wie haben sich die Absatzzahlen entwickelt?

Problemfragen

Problemfragen zielen darauf ab, herauszufinden, warum etwas nicht funktioniert: Wo liegt der Fehler? Sie sind im technischen Kontext, beispielsweise im Rahmen der Fehleranalyse, eine hilfreiche Vorgehensweise.

- Warum funktioniert das Programm nicht?
- Aus welchen Gründen sind die Absatzzahlen um 15 Prozent gesunken?

Im sozialen Kontext, wenn es beispielsweise darum geht, die Zusammenarbeit zweier Mitarbeiter zu verbessern, laden Problemfragen allerdings dazu ein, unnötig lange über Dinge zu sprechen, die nicht gut laufen. Denn Gründe, warum etwas nicht klappt, lassen sich meist viele aufzählen. Eine Lösung ist mit dieser Vorgehensweise allerdings noch nicht gefunden. Deshalb sollten Problemfragen mit Bedacht dosiert und sehr gezielt formuliert werden, um den möglichen Antwortrahmen einzuschränken.

- Wo sehen Sie im Projekt aktuell *das größte Problem*?
- Welcher Punkt stört Sie bei der Zusammenarbeit im Team *am meisten*?

Lösungsfragen

Lösungsfragen lenken die Aufmerksamkeit auf den gewünschten Zielzustand und den Weg dorthin: Wie kann es funktionieren? Durch sie werden Mitarbeiter zu konstruktivem Nachdenken angestiftet, es entstehen neue Ideen und eine konstruktive Aufbruchstimmung.

- Wie können wir die Abläufe weiter verbessern?
- Womit schaffen wir einen Mehrwert für den Kunden?
- Was wollen Sie unternehmen?
- Wie könnte die technische Umsetzung aussehen?
- Was kennzeichnet eine gute Lösung? Was eine sehr gute?
- Wie haben wir das beim letzten Mal hinbekommen?
- Welche Ressourcen brauchen wir noch?
- Was können wir jetzt tun, um den Zeitplan noch zu halten?
- Was nehmen wir für das nächste Projekt daraus mit?
- Was könnten Sie tun, um die Zusammenarbeit im Team zu verbessern?
- Was wünschen Sie sich konkret von Herrn Müller, um besser zusammenzuarbeiten?

Wie bei offenen und geschlossenen Fragen steigern Sie Ihre Kompetenz in der Anwendung von Fokusfragen, indem Sie sich vor einem Gespräch mögliche Formulierungen überlegen.

Nachhaken

Nachfragen

Mitunter bekommt man auch auf die besten Fragen nicht gleich die Antwort, die weiterführt. Deshalb lohnt es sich, das Nachhaken als weitere Fragetechnik ins eigene Repertoire aufzunehmen. Dadurch reduzieren Sie Unklarheiten, erhalten ausführlichere Informationen oder lösen Widersprüche auf:

- Welche Schwierigkeiten sehen Sie konkret?
- Das ist mir noch nicht ganz klar geworden – wie hat der Kunde reagiert?
- Dazu brauche ich noch weitere Informationen – auf welchen Annahmen beruht Ihre Prognose?
- Im letzten Report haben Sie das noch anders bewertet, wie kommt es zu der neuen Einschätzung?

1.4 Leistung und Lernen optimieren – Feedback und Feedforward

Das Lerntempo in Unternehmen erhöht sich durch neue Technologien und Arbeitsweisen stetig. Als Folge brauchen Mitarbeiter und Führungskräfte eine Kompetenz ganz besonders: Learning Agility. Diese Fähigkeit lässt sich durch konstruktives, nach vorne gerichtetes Feedback gezielt stärken.

Klassisches Feedback

Feedback ist einer der Standardinhalte eines jeden Führungscurriculums. Damit es gut gelingt, kommt es vor allem auf eine genaue Beobachtung an. Professionelles Feedback sollte immer eine möglichst genaue Beschreibung des Sachverhalts beinhalten, um einem Mitarbeiter die Gründe für Ihre Bewertung zu veranschaulichen. Die unterschiedliche Wirkung von Feedback mit und ohne Beobachtung illustrieren die folgenden Beispiele:

Auf die genaue Beobachtung kommt es an

Ausschließlich bewertendes Feedback	Feedback auf Basis konkreter Beobachtungen
Sie präsentieren sehr professionell.	Mir ist aufgefallen, dass Sie frei gesprochen haben und individuell auf die Reaktionen aus dem Publikum eingegangen sind, das hat mir gut gefallen.
Die Präsentation gefällt mir nicht so gut.	Die Schriftgröße der Folien ist mit 12 Punkt zu klein und es stehen zu viele Informationen auf einer Seite.
Ihre Arbeitsweise finde ich prima.	Es hat mir gut gefallen, wie Sie die Einwände des Kunden aufgegriffen und gemeinsam alternative Lösungen entwickelt haben.

Neben konkreten Beobachtungen kommt es bei Feedback auch auf die genaue Formulierung an. Mit einem einzigen Wort kann sich sich eine Aussage stark verändern und zu einer ganz unterschiedlichen Wirkung führen. In unserem Beispiel wird sich der Mitarbeiter im zweiten Beispiel angegriffen fühlen, während die erste Aussage sachlich gehalten ist:

Achten Sie auf Formulierungen

- Sie haben Frau Mayser einen Tag vor dem Meeting informiert.
- Sie haben Frau Mayser *erst* einen Tag vor dem Meeting informiert.

Download: Übung zu Beobachtung und Bewertung

Ähnlich wie bei der Fragetechnik zahlt es sich deshalb aus, wenn Sie sich vor einem Feedback-Gespräch einzelne Formulierungen zurechtlegen. Weitere Beispiele finden Sie in Teil 2 dieses Buches (siehe S. 43 ff.).

Feedforward

Abb.: Richten Sie den Blick nach vorne, um Lernpunkte zu identifizieren

Zukünftiges Verhalten zählt

Das klassische Feedback durch die Führungskraft dient oft als erster Anknüpfungspunkt für ein Gespräch. Doch das Reden über Vergangenes sorgt noch nicht für bessere Leistungen oder ein verändertes Verhalten. Deshalb lohnt es sich, den Blick zügig nach vorne zu richten und Lernpunkte zu identifizieren – je motivierter und leistungsfähiger ein Mitarbeiter ist, desto früher im Gespräch können Sie den Fokus auf zukünftiges Verhalten lenken. Die folgenden Hinweise und Fragen veranschaulichen die unterschiedliche Wirkung von rückwärtsgewandtem Feedback und dem nach vorne gewandten Feedforward (vgl. auch Fragetechnik/Lösungsfragen, S. 24).

Feedback	Feedforward
Sie haben das Gespräch nicht gründlich vorbereitet, vor allem ...	Beim nächsten Mal würde ich das Gespräch mit dem Kunden gründlicher vorbereiten, vor allem ...
Wo lagen die Schwierigkeiten bei diesem Projekt?	Welche Ideen haben Sie schon, wie es beim nächsten Mal besser klappt?
Sie haben sehr professionell mit dem Kunden verhandelt.	Mir ist aufgefallen, dass Sie sehr professionell mit dem Kunden verhandeln – wie könnten Sie diese Fähigkeit noch ausbauen?

1.5 Nach dem Gespräch ist vor dem Gespräch – Gesprächsabschluss und -nachbereitung

Die letzten Minuten bestimmen mit über die Gedanken und Gefühle, mit denen ein Mitarbeiter aus einem Gespräch geht – hier ist noch einmal volle Aufmerksamkeit gefragt. Auch die Nachbereitung hat einen nennenswerten Anteil am Gesprächserfolg. Im Einzelnen geht es um das Nachhalten von Vereinbarungen, um die (oft ungeliebte) Dokumentation sowie um die Qualitätssicherung in eigener Sache.

Das Gespräch konstruktiv beenden

Gespräch zusammenfassen, Vereinbarungen festhalten, nächste Schritte skizzieren

Selbst ein kritisches Mitarbeitergespräch profitiert von einem konstruktiven, verbindlichen Abschluss. Deshalb ist es empfehlenswert, die Inhalte des Gesprächs gegen Ende zusammenzufassen (durch den Mitarbeiter oder die Führungskraft), Vereinbarungen kurz schriftlich festzuhalten und die nächsten Schritte wie Anschlusstermine zu skizzieren. Ein Dank an den Mitarbeiter bringt Wertschätzung zum Ausdruck. Verlief ein Gespräch in der Tat weniger erfolgreich, können Sie auch das thematisieren, beispielsweise mit Formulierungen wie diesen:

- Heute sind wir nicht ganz so weit gekommen wie geplant – ich bin überzeugt, dass wir in einem weiteren Gespräch eine gute Lösung finden.

- In diesem Gespräch hat sich herausgestellt, dass wir unterschiedliche Vorstellungen haben. Das war nicht mein Ziel, aber ich danke Ihnen für Ihre Offenheit.
- Heute war die Atmosphäre zwischen uns ziemlich angespannt – ich würde das Gespräch gern sacken lassen und mich Ende der Woche noch einmal in Ruhe mit Ihnen zusammensetzen.

Vereinbarungen konsequent nachhalten

Walk the Talk

Das Vertrauen ihrer Mitarbeiter ist das wichtigste Kapital einer Führungskraft. Um dieses Vertrauen zu erwerben und zu behalten, kommt es auf Verbindlichkeit an. Nur wenn die Führungskraft auch tut, was sie sagt, ist sie in den Augen ihrer Mitarbeiter verlässlich und berechenbar. Im angloamerikanischen Sprachraum wird dies mit dem Idiom „Walk the Talk“ treffend auf den Punkt gebracht. Deshalb ist es empfehlenswert, sich die folgende Frage zur Stärkung der eigenen Verbindlichkeit zu stellen:

- Welche konkreten Aktionen folgen aus dem Gespräch für Sie als Führungskraft?
- Wann und wie wollen Sie diese nachhalten?

Das Gespräch dokumentieren

Notizen als Gedächtnisstütze

Bei formalisierten Gesprächen wie beispielsweise dem Jahresgespräch gehört die Dokumentation der Gesprächsergebnisse zum Standard. Aber auch bei allen anderen Arten von Mitarbeitergesprächen helfen Notizen oder Gedächtnisprotokolle, die getroffenen Vereinbarungen konsequent nachzuhalten und deren Historie nachzuvollziehen. Bei disziplinarisch relevanten Mitarbeitergesprächen, zum Beispiel einer Abmahnung, kann es ggf. hilfreich sein, die Gesprächsdokumentation in die Personalakte des betreffenden Mitarbeiters aufzunehmen.

Das Gespräch reflektieren

Der innere Dialog

Insbesondere nach herausfordernden Mitarbeitergesprächen ist es im Sinne der persönlichen Weiterentwicklung hilfreich, das Gespräch noch einmal Revue passieren zu lassen. In Form eines inneren Dialogs reflektieren Sie, welche Passagen Ihnen gut gelungen sind und was Sie beim nächsten Gespräch anders machen würden. Beispielsweise könnten Sie darüber nachdenken, wie Sie einen kritischen Einwand beim nächsten Mal besser parieren, Ihre Argumentation noch überzeugender aufbauen oder den Mitarbeiter stärker einbinden. Die folgenden Fragen helfen bei der Bestandsaufnahme:

- Wie würden Sie Ihre Gesprächsführung auf einer Skala von 1 bis 10 bewerten?
- Welche Elemente fanden Sie gelungen? Was hätte es noch gebraucht, um das Gespräch mit einer glatten Zehn zu bewerten?
- Inwiefern haben Sie Ihre Ziele erreicht?
- Welche Auswirkungen könnte das Gespräch auf die weitere Zusammenarbeit haben?
- Wie schätzen Sie das Verhalten des Mitarbeiters ein?
- Wie wird Ihr Mitarbeiter das Gespräch vermutlich einschätzen? Konnte er seine Themen platzieren? Konnte er Ihren Standpunkt nachvollziehen? Wie mag er die Atmosphäre empfunden haben?
- Welches waren für Sie besonders herausfordernde Situationen?
- Wenn Sie einzelne Gesprächssequenzen noch einmal „abdrehen" könnten, wie würde die Szene in der Überarbeitung aussehen? Was würden Sie in der neuen Version sagen und tun?

Download: Checkliste Gesprächsnachbereitung

Über diese Frageroutine hinaus kann es nützlich sein, sich immer wieder einmal eine direkte Rückmeldung zur eigenen Gesprächsführung von Ihren Mitarbeitern einzuholen.

2 Mitarbeitergespräche im Tagesgeschäft

Eine solide Kommunikationsbasis im Tagesgeschäft ist das Rückgrat erfolgreicher Mitarbeiterführung. In diesem Kapitel werden acht Gespräche erläutert, die im Führungsalltag regelmäßig vorkommen. Sie sind nach drei Schwerpunkten gruppiert:

- *Fokus Grundlagen*: One-to-Ones, Team-Meetings, E-Kommunikation
- *Fokus Aufgabe*: Delegieren und Erteilen von Aufgaben
- *Fokus Feedback*: Positives Feedback, Klärungsgespräch, Kritisches Feedback zur Leistung, Kritisches Feedback zum Verhalten

Die Kapitel dieses Teils eignen sich am besten, um sich situativ Anregungen für anstehende Gespräche zu holen.

Fokus Grundlagen

Bei *Fokus Grundlagen* geht es um den gelungenen Informationsfluss zwischen Führungskraft und Mitarbeitern durch Einzelgespräche, Team-Besprechungen und E-Kommunikation. Hier werden die verschiedenen Gesprächsarten zunächst einmal unabhängig von deren Inhalten betrachtet. Je professioneller dieser strukturelle Rahmen gehandhabt wird, desto tragfähiger ist die Basis für den inhaltlichen Austausch zwischen Führungskraft und Mitarbeitern. Wichtig für das Verständnis: In der Praxis überschneiden sich die Gespräche dieses Kapitels mit den beiden folgenden. So spielt Feedback beispielsweise oft eine Rolle in One-to-Ones. Die hier gewählte Gliederung soll der so wichtigen Struktur von Mitarbeitergesprächen den notwendigen Stellenwert geben.

Fokus Aufgabe

Bei *Fokus Aufgabe* steht der Kern der betrieblichen Leistungserbringung im Mittelpunkt. Es geht darum, Aufgaben verständlich und motivierend zu kommunizieren.

Fokus Feedback

Den dritten Schwerpunkt bilden Feedback-Gespräche in ihren verschiedenen Ausprägungsformen. Im Fokus steht die Rückmeldung der Führungskraft zur Leistung und/oder zum Verhalten eines Mitarbeiters.

Innerhalb der einzelnen Gespräche finden Sie die nachfolgenden Rubriken vor (Ausnahme: E-Kommunikation). Je nach Charakteristik des Gesprächs sind nicht immer alle Themen relevant, so dass in einigen Gesprächen nur ausgewählte Kategorien vorkommen.

- *Fragen zur Gesprächsvorbereitung*: Diese Fragen unterstützen Sie dabei, das Gespräch zielgerichtet vorzubereiten
- *Gesprächsverlauf*: Für ausgewählte Gespräche finden Sie Hinweise zur Abfolge der Inhalte
- *Navigationsfragen*: Diese Fragen können Sie dem Mitarbeiter im Gespräch stellen
- *Kernaussagen*: Bei einigen Gesprächsarten bringen diese Sätze typische Aussagen auf den Punkt
- *Einwandbehandlung*: Hier finden Sie Repliken auch für unsachliche oder herausfordernde Einwände der Mitarbeiter
- *Kommunikationsklippen*: In diesem Abschnitt sind wichtige „Don'ts" für die jeweilige Gesprächsart zusammengefasst
- *Nächste Schritte*: Bei einer ganzen Reihe von Gesprächen empfiehlt es sich, die Inhalte nachzuhalten; hier finden Sie Empfehlungen dafür.

2.1 Fokus Grundlagen

One-to-Ones

Verschaffen Sie sich einen strukturierten Überblick über den aktuellen Zustand

One-to-Ones geben der Mitarbeiterkommunikation Struktur. Die Gewissheit, dass für die eigenen Anliegen ein fester, geplanter Termin zur Verfügung steht, bietet allen Beteiligten Vorteile. Mitarbeiter profitieren davon, dass ihnen die Aufmerksamkeit der Führungskraft sicher ist und dass sie ihre Anliegen zeitnah besprechen können. Führungskräften bieten die Einzelgespräche die Möglichkeit, sich einen strukturierten Überblick über den aktuellen Arbeitsstatus und das Befinden ihrer Mitarbeiter zu verschaffen. Weiterhin bietet das One-to-One die Gelegenheit, persönliches Feedback zu geben und über individuelle Themen wie beispielsweise Weiterbildung zu sprechen. Sowohl Mitarbeiter als auch Führungskraft können sich durch die geplanten Termine besser auf

Abb.: One-to-Ones. Die Aufmerksamkeit der Führungskraft ist dem Mitarbeiter sicher

die Gespräche vorbereiten; der Bedarf an dringenden, kurzfristig anberaumten Gesprächen nimmt ab. Und nicht zuletzt wächst das Vertrauen zwischen Mitarbeiter und Führungskraft durch den regelmäßigen Austausch.

Die Häufigkeit von One-to-Ones ist individuell sehr verschieden. Einmal im Monat bis einmal in der Woche sind häufige Taktungen – je nach Komplexität der Aufgaben und häufig im Wechsel mit Team-Besprechungen. Als Dauer ist ein Slot von einer Stunde empfehlenswert.

Fragen zur Gesprächsvorbereitung

- Welche Anknüpfungspunkte zum letzten Gespräch gibt es?
- Wie würden Sie die Leistung des Mitarbeiters auf einer Skala von 1 bis 10 bewerten? Anhand welcher Beispiele?
- Wie ließe sich die Leistung ggf. optimieren?
- Was ist Ihnen am Verhalten des Mitarbeiters aufgefallen? Gibt es Veränderungsbedarf?
- Welche (passenden) neuen Aufgaben stehen an?
- Welche weiteren Punkte wie z.B. Weiterbildung wollen Sie adressieren?
- Welche Themen könnten den Mitarbeiter beschäftigen?

Gesprächsverlauf

Ein wesentlicher Themenblock ist die Besprechung der Arbeitsleistung des Mitarbeiters. Ist das Gespräch im Großen und Ganzen positiv konnotiert, bietet es sich an, den Mitarbeiter zunächst nach den Bereichen zu fragen, die gut laufen und erst im Anschluss nach den Dingen, die vielleicht weniger gut funktionieren. Durch diese Vorgehensweise bringen Sie dem Mitarbeiter Vertrauen entgegen, seine Inhalte zu platzieren. Es ist die Aufgabe der Führungskraft, die Ausführungen des Mitarbeiters situativ zu validieren, zu präzisieren, nachzuhaken und um eigene Beobachtungen zu ergänzen, die über die Aussagen des Mitarbeiters hinausgehen und auch im Widerspruch dazu stehen können. Zusätzliche Themen wie Weiterbildung können gegen Ende des Gesprächs behandelt werden.

Navigationsfragen

Download: Navigationsfragen und Kernaussagen

- Was gibt es seit unserem letzten Gespräch Neues?
- Liegt etwas Dringendes/Wichtiges an?
- Was läuft aktuell gut?
- Das klingt spannend. Können Sie das noch weiter ausführen?
- Wie sind Sie da vorgegangen?
- Wie wollen Sie da weitermachen?
- Wo gibt es vielleicht Schwierigkeiten?
- Das Projekt X haben Sie gar nicht erwähnt. Wie läuft das?
- Bei unserem letzten Gespräch haben Sie von Unstimmigkeiten zwischen Ihnen und Herrn Meyer berichtet. Wie hat sich das entwickelt?
- Wie läuft die Zusammenarbeit mit dem anderen Team/dem Kunden/...?
- Welche Themen gibt es von Ihrer Seite noch (z.B. Zusammenarbeit im Team, Weiterbildung)?

Kernaussagen

- Da bin ich ganz bei Ihnen, das ist wirklich gut gelaufen.
- Es freut mich, dass das so gut läuft.
- In diesem Punkt bin ich mir noch nicht so ganz sicher. Von den Kollegen habe ich ein anderes Feedback bekommen.

Kommunikationsklippen

Wenn Sie Einzelgespräche neu einführen, kann es vorkommen, dass Mitarbeiter überrascht reagieren, weil sie einen weiteren festen Termin nicht für notwendig halten. Wenn Sie die Gespräche zunächst als Experiment kommunizieren, das dazu dienen soll, die Zusammenarbeit weiter zu verbessern, werden Sie Ihre Mitarbeiter durch die Resultate schnell überzeugen. Oft bekommen Führungskräfte, die Einzelgespräche eingeführt haben, eine Rückmeldung wie diese: „Jetzt habe ich erst gemerkt, was vorher gefehlt hat."

Team-Meetings

Team-Meetings sind ein essenzieller Teil der Kommunikationsstruktur und eine gute Plattform, für die nachfolgenden Themen:

- Informieren über Unternehmens- und Bereichsentwicklungen
- Gegenseitiges Informieren über Arbeitsfortschritt und Entwicklungen
- Vorstellen von Ergebnissen durch die Mitarbeiter
- Lernen von Kollegen
- Treffen von Entscheidungen
- Sammeln von Meinungen
- Ideen- und Lösungsfindung
- Anliegen der Mitarbeiter
- Gemeinsames Projekt-Feedback
- Feiern von Erfolgen
- Gastbeiträge

Stärken Sie das Zusammengehörigkeitsgefühl

Team-Meetings stärken das Zusammengehörigkeitsgefühl. Die Frequenz von klassischen Team-Besprechungen variiert je nach Zielgruppe und aktueller Situation. Weit verbreitete Standards sind wöchentliche bis monatliche Termine, oft im Wechsel mit One-to-Ones. Etwa eine Stunde ist je nach Themenfülle und bei guter Vorbereitung meist ausreichend, um eine erfolgreiche Team-Besprechung durchzuführen.

Im Projekt-Management und in potenziell vom aktuellen Geschehen getriebenen Bereichen wie Investor Relations unterstützen kurze tägliche Meetings, auch Dailies oder Stand-up-Meetings genannt, das agile Arbeiten. In diesen morgendlichen Treffen von maximal 15 Minuten Dauer geht es primär um den effizienten Informationsaustausch. Kommen Themen auf, die mehr Zeit zur Lösung benötigen, werden sie außerhalb des Meetings besprochen. In der Regel folgen Stand-up-Meetings einer festen Abfolge, wie beispielsweise im Daily Scrum:

- Fortschritt seit dem letzten Meeting
- Ziele bis zum nächsten Meeting
- Mögliche Hindernisse und benötigte Unterstützung

Projekt-Evaluation

In Meetings zur Projekt-Evaluation geben die Mitarbeiter, anders als im klassischen Feedback durch die Führungskraft, am Ende eines Sprints oder Projekts selbst eine Rückmeldung. Dabei geht es weniger um die fachlichen Inhalte, sondern um die Arbeitsqualität im Projektteam. Die angelegten Kriterien speisen sich häufig aus Werten wie Zusammenarbeit, Innovation oder Kundenorientierung. Viele Projektleiter erfragen zu Beginn des Team-Meetings strukturiert die Zufriedenheit des Teams mit den einzelnen Werten, beispielsweise indem sie die einzelnen Kriterien „bepunkten" lassen und anschließend auf dieser Basis gemeinsam mit dem Team Verbesserungsmöglichkeiten ausloten. In dieser strukturierten Form sind 60 bis 90 Minuten für ein monatliches Update ausreichend; zum Abschluss eines größeren Projekts kann ein Evaluations-Meeting auch länger dauern.

Fragen zur Gesprächsvorbereitung

- Welche Informationen wollen Sie an das Team weitergeben?
- Welche Informationen können Ihre Mitarbeiter beitragen?
- Zu welchen Themen wollen Sie Ideen oder die Meinung des Teams einholen?
- Wie können Sie Ihre Mitarbeiter aktiv in das Meeting einbeziehen?
- Welcher Mitarbeiter könnte zu welchem Thema einen Beitrag leisten?
- In welchen Punkten muss eine organisatorische Abstimmung erfolgen?
- Welche Punkte sollen im Meeting entschieden werden?
- Welche Erfolge wollen Sie vorstellen (lassen)?
- Bei welchen Themen ist es empfehlenswert, eine (bilaterale) Abstimmung vor dem eigentlichen Treffen zu initiieren?

Gesprächsverlauf

Inhaltlich können Team-Meetings je nach Anlass stark variieren. Eine Agenda erleichtert den Teilnehmern die Vorbereitung, den Überblick und das Fokussieren auf das jeweilige Thema. Eine klare Moderation grenzt die Themenblöcke voneinander ab. Je früher Sie Ihre Mitarbeiter aktiv einbinden, desto stärker werden diese sich im weiteren Verlauf des Meetings beteiligen.

Kernaussagen und Navigationsfragen

- Zunächst informiere ich Sie über aktuelle Entwicklungen im Unternehmen.

Download: Kernaussagen und Navigationsfragen

- Hier möchte ich heute zu einer Entscheidung gelangen. Lassen Sie uns zunächst noch einmal die Argumente dafür und dagegen sammeln, dann kommen wir zur Abstimmung.
- Besonders herausstellen möchte ich den schönen Erfolg des Projekts X. Ein großes Danke dafür. Lassen Sie uns noch einmal gemeinsam rekapitulieren, wie Sie vorgegangen sind und was aus Ihrer Sicht die Erfolgsfaktoren waren.
- Heute berichtet Frau Mayer von ihrem aktuellen Seminar. Da gibt es, glaube ich, eine ganze Menge für uns zu lernen.
- Wer möchte von einem Erfolg berichten?
- Wer braucht den Input des Teams für eine aktuelle Fragestellung?
- Ich bin an Ihrer Meinung zu dieser Frage interessiert: Wie schätzen Sie diesen Vorschlag ein?
- Welche Themen sind Ihnen heute sonst noch wichtig?
- Was haben Sie seit dem letzten Meeting erreicht?
- Welche Aufgaben stehen bis zum nächsten Meeting an?
- Welche Hindernisse könnte es geben?
- Welche Unterstützung benötigen Sie ggf. noch?
- Wie haben Sie den aktuellen Sprint erlebt?
- Inwiefern haben wir unsere Werte umgesetzt?
- Was können wir beim nächsten Sprint besser machen?

Einwandbehandlung

Mitunter ist eine übergroße Freude von Besprechungsteilnehmern am Kritisieren zu beobachten – ein Verhalten, das eine konstruktive Gesprächsführung erschwert. Um dem entgegenzuwirken, ist es ggf. hilfreich, explizit kurze Blöcke in die Teambesprechung einzubauen, in denen die Kritik von Mitarbeitern zu einzelnen Punkten gezielt abgefragt wird. Auf diese Weise sind die Mitarbeiter versichert, dass auch kritische Gedanken ihren Platz haben, und die übrigen Tagungsordnungspunkte werden davon entlastet. Mit Mitarbeitern, die gewohnheitsmäßig kritisieren, sollten Sie bilateral ein Einzelgespräch führen.

Kommunikationsklippen

Team-Meetings werden oft mit Themen überfrachtet, die man besser vorab bilateral klärt oder vorbereitet. Das kostet zwar auch Zeit, ist aber effizienter, als im Meeting selbst die Zeit vieler mit Dingen zu strapazieren, zu denen nur wenige etwas beitragen können. Ebenso ist es bei vielen Themen hilfreich, sich vorab ein Stimmungsbild einzuholen. In dieser Hinsicht wird die Qualität einer Team-Besprechung oft schon vor dem eigentlichen Termin entschieden.

Oft kann man beobachten, dass Leiter klassischer Meetings diese über weite Strecken allein gestalten, was wenig Aktivität bei den Mitarbeitern hervorruft. Deshalb hat es sich bewährt, dass die Mitarbeiter, wie beispielsweise im agilen Projektmanagement, eine aktive Rolle in Team-Meetings haben, beispielsweise durch die Präsentation eines aktuellen Projekts, einen Bericht über eine Messe, Konferenz oder gelungene Kundenakquise. Das aktive Einbeziehen der Mitarbeiter erhöht die Qualität der Team-Besprechungen deutlich.

Abschließend noch zwei Hinweise für eine konstruktive Atmosphäre: Gerade in Gruppenbesprechungen ist Pünktlichkeit besonders wichtig. Denn es kostet die Zeit aller und zeugt von wenig Wertschätzung, wenn Teilnehmer regelmäßig verspätet erscheinen, sei es auch nur um ein paar Minuten. Der pünktliche Beginn eines Meetings, auch wenn noch nicht alle Teilnehmer anwesend sind, kann dazu beitragen, die Disziplin zu erhöhen. Ebenfalls gehört es zum guten Ton, während der Besprechung alle Teilnehmer ausreden zu lassen. Auch hier ist ggf. die Führungskraft gefragt, moderierend einzugreifen, damit jeder Teilnehmer gehört wird.

E-Kommunikation

Aus unserer schnellen und oft auch virtuellen Arbeitswelt ist elektronische Kommunikation nicht mehr wegzudenken – auch wenn man aktuell fast schon von einer Renaissance der analogen Kommunikation sprechen kann und das persönliche Gespräch wieder an Bedeutung gewinnt. In diesem Abschnitt finden Sie die wichtigsten Hinweise für den Umgang mit E-Mails, Telefon- und Videokonferenzen sowie Social Media.

Hinweise für die Arbeit mit von E-Mails

Formulieren Sie E-Mails auf den Punkt

- Die meisten Mitarbeiter bekommen sehr viele E-Mails – versenden Sie deshalb so wenige E-Mails wie möglich.
- Komplexe oder konfliktbehaftete Themen eignen sich kaum für E-Mails – verzichten Sie deshalb auf beispielsweise kritisches Feedback oder Fragen, die eine Diskussion nach sich ziehen könnten; gut geeignet sind hingegen neutrale oder positive Informationen, Terminanfragen und -bestätigungen, Zusammenfassungen und Protokolle oder kurze Nachfragen.
- Kaum jemand hat Zeit für eine lange Lektüre und in umfangreichen Texten gehen Informationen leicht unter – formulieren

Sie E-Mails deshalb auf den Punkt und verfassen Sie eine aussagekräftige Betreff-Zeile.

- Beschränken Sie den Verteiler von Mails auf die notwendigsten direkten Empfänger; minimieren Sie cc-Adressaten und verzichten Sie aus Gründen der Transparenz möglichst ganz auf bcc-Empfänger.
- Bedenken Sie den Zeitpunkt des Versandes – liegt keine besondere Dringlichkeit vor, empfehlen sich dafür die regulären Arbeitszeiten. So unterstützen Sie die Erholungsphasen Ihrer Mitarbeiter ebenso wie Ihre eigenen.
- Fragen Sie sich, ob Sie dem Adressaten die Nachricht in diesen Worten auch persönlich übermitteln würden.
- Beachten Sie die formalen Standards für E-Mails:
  - Eindeutiger Betreff
  - Anrede
  - Hauptteil
  - Abschluss
  - Grußformel
  - Unterschrift/Signatur

Anrede, Grußformel und Unterschrift können ab der dritten Nachricht in direkter Folge weggelassen werden.

Tipps für Telefon- und Videokonferenzen

Sorgen Sie für eine straffe Moderation

- Noch wichtiger als bei physischen Meetings ist eine straffe Steuerung durch Agenda und Moderator; dasselbe gilt für Rahmenbedingungen wie Pünktlichkeit
- Stellen Sie sicher, dass die Technik funktioniert, beispielsweise Einwahlnummern und Kameraeinstellungen; ggf. empfiehlt sich ein Probedurchlauf
- Insbesondere bei Telefonkonferenzen ist eine kurze Vorstellung der Teilnehmer hilfreich; bei Video-Konferenzen schaffen darüber hinaus Namensschilder Klarheit
- Vermeiden Sie störende Geräusche wie das Abstellen eines Glases, das Tippen auf einer Tastatur, Nebengespräche oder Verkehrslärm
- Über größere Distanzen kann es zu einer Zeitverzögerung der Beiträge kommen – weisen Sie die Teilnehmer ggf. darauf hin, das bei ihrem Antwortverhalten zu berücksichtigen
- Die persönliche Wirkung wird stärker als bei persönlichen Meetings von Stimme, Gestik, Mimik und Kleidung beeinflusst – holen Sie sich dazu ggf. eine Rückmeldung ein

- Berücksichtigen Sie, dass Telefon- und Videokonferenzen aufgezeichnet und veröffentlicht werden können

Nutzung von Social Media

Achten Sie auf eine fokussierte inhaltliche Ausrichtung

Social-Media-Angebote wie linkedin.com und Blogs können im Personalmarketing und in der Personalentwicklung eine unterstützende Rolle spielen, beispielsweise indem Sie und Ihre Mitarbeiter sich an Fachdiskussionen aktiv beteiligen. Dabei stellt sich die Frage, wie viele Kommunikationskanäle man als Führungskraft professionell bedienen kann und will. Während eine fokussierte inhaltliche Ausrichtung der eigenen Social-Media-Präsenz ein Mehrwert für die Mitarbeiterführung ist, verkehrt sich die Wirkung bei einer eher zufälligen und sporadischen Nutzung schnell ins Gegenteil. Deshalb lohnt es sich, die Nutzung von Social Media gezielt zu steuern und beispielsweise ausgewählte Themen auf ein oder zwei Kanälen zu besetzen. Es ist auch empfehlenswert, eine eventuelle private Social-Media-Präsenz auf Kompatibilität mit der Führungsrolle und dem professionellen Auftritt zu überprüfen, beispielsweise in Bezug auf das Posten privater Fotos.

2.2 Fokus Aufgabe

Delegieren und Erteilen von Aufgaben

Gute Übergaben erleichtern arbeitsteilige Prozesse

Durch professionelles Delegieren und Erteilen von Aufgaben legen Sie die Grundlage für qualitativ hochwertige Ergebnisse und leisten einen wichtigen Beitrag zur Motivation Ihres Teams durch Erfolgserlebnisse. Wenn Sie an der Übergabestelle von Führungskraft zu Mitarbeiter gründlich und präzise kommunizieren, erleichtert das die Arbeit in der nachfolgenden Wertschöpfungskette. Dabei spielt der Input der Mitarbeiter in Bezug auf die Erreichbarkeit von Aufgaben und Zielen eine zunehmend größere Rolle, wie beispielsweise im Rahmen des agilen Projektmanagements. Die für das Briefing aufgewendete Gesprächszeit wird später mehr als wieder eingespart, denn die Notwendigkeit von Rückfragen nimmt ab, der Grad der Selbstständigkeit und die Erfolgszuversicht Ihrer Mitarbeiter steigen.

Bei kleineren Aufgaben kann die „Übergabe" im Rahmen eines ohnehin terminierten Einzelgesprächs, in einem kurzen Ad-hoc-Gespräch oder im Rahmen von täglichen Stand-Up-Meetings stattfinden. Bei größeren

Abb.: Aufgabenübergabe, die Grundlage für qualitativ hochwertige Ergebnisse

Aufgaben oder Projekten empfiehlt es sich, einen separaten Termin zu vereinbaren. Bei Aufgaben, deren Umsetzung mehrere Möglichkeiten zulässt, sollte neben dem eigentlichen Briefing Zeit für ein erstes gemeinsames Brainstorming und das Klären von Fragen eingeplant werden.

Fragen zur Gesprächsvorbereitung

- Welchem Ziel und Zweck dient die Aufgabe?
- Welche Stärken, Fähigkeiten und Interessen qualifizieren den Mitarbeiter für diese Aufgabe?
- Welche Aspekte der Aufgabe könnten dem Mitarbeiter gut gefallen, welche nicht so gut?
- Welche Teile der Aufgabe wird der Mitarbeiter wahrscheinlich routiniert erledigen können? Wo braucht er vielleicht Unterstützung? Wo bietet die Aufgabe ein Lern- bzw. Entwicklungsfeld?
- Welche Priorität hat die Aufgabe im Vergleich zu anderen Aufgaben des Mitarbeiters?
- Welcher zeitliche Rahmen erscheint auch aus dem Blickwinkel des Mitarbeiters realistisch?
- Wie unterscheiden Sie ein gutes von einem sehr guten Ergebnis?
- Welche spezifischen Rahmenbedingungen sind zu berücksichtigen (z.B. die Abstimmung mit anderen Unternehmensbereichen)?
- Welche Informationen braucht der Mitarbeiter noch, um die Aufgabe selbstständig und in der gewünschten Qualität auszuführen?

Gesprächsverlauf

Das Gespräch besteht zum einen aus der eigentlichen Auftragsübergabe, also dem Briefing mit Informationen zum Zweck der Aufgabe, Vereinbarungen zur gewünschten Ergebnisqualität und zum Zeithorizont. Insbesondere bei komplexen Aufgaben ist es hilfreich, auch schon erste Ideen zur Umsetzung zu diskutieren.

Zweck, Ergebnisqualität, Zeithorizont

Kernaussagen

- Bitte stellen Sie einen Überblick über ABC zusammen; besonders wichtig sind mir dabei die Aspekte 1 und 2.
- Unser Kunde braucht dringend ein Angebot für ABC. Sie haben damit ja schon viel Erfahrung, deshalb denke ich, Sie können das am besten ausarbeiten. Lassen Sie uns doch morgen zusammensetzen und erste Ideen diskutieren?!
- Bitte führen Sie eine Marktrecherche zu ABC durch. Wichtig sind mir dabei die Prognosen bis 2022 und mögliche Konkurrenzprodukte. Bei Ihrer letzten Marktstudie hat mir gut gefallen, dass das gesamte Datenmaterial im Anhang war und auch der Umfang war genau richtig.
- Ich würde gern die Service-Qualität für unsere Top-Kunden noch weiter optimieren und würde Sie bitten, dazu ein Konzept zu erarbeiten. Ich denke, Sie haben da schon viel Erfahrung und immer gute Ideen.

Download: Kernaussagen und Navigationsfragen

Navigationsfragen

- Welche Ideen haben Sie schon zur Umsetzung?
- Welchen Zeitbedarf schätzen Sie für diese Aufgabe?
- Auf welche Erfahrungen können wir zurückgreifen?
- Wo sehen Sie mögliche Schwierigkeiten?
- Welche Informationsquellen können wir noch nutzen?
- Wen könnten Sie zur Unterstützung hinzuziehen?
- Wie passt die Aufgabe in Ihren aktuellen Arbeitsplan?
- Bis wann, meinen Sie, können Sie damit fertig sein?
- Welche Fragen haben Sie noch zu dieser Aufgabe?

Einwandbehandlung

Das kann ich unmöglich bis zu diesem Termin schaffen.

- Ich weiß, dass es knapp ist und wäre Ihnen dankbar, wenn Sie das Thema mit Priorität verfolgen, damit wir so weit wie möglich kommen.

Das würde ich wirklich gern machen, aber ich habe gerade so viele andere Aufgaben auf dem Tisch.

- Dann lassen Sie uns schauen, welche Aufgaben Priorität haben. Soweit ich weiß, arbeiten Sie ja aktuell an A, B und C. Ich denke, wenn Sie B erst einmal zurückstellen, sollten Sie genügend Zeit für die neue Aufgabe haben.

Das habe ich noch nie gemacht, da muss ich mich erst mal einarbeiten.

- Frau Mayser kennt sich in diesem Thema gut aus, sie kann Ihnen eine Einführung geben.

Ich habe wirklich Wichtigeres zu tun. Kann das nicht jemand anderes machen?

- Ich kann verstehen, dass Sie nicht begeistert sind von dieser Aufgabe. Allerdings muss auch diese Arbeit erledigt werden und jeder im Team ist einmal an der Reihe.

Kommunikationsklippen

Achten Sie auf Klarheit in der Kommunikation

Vielleicht gerade, weil das Erteilen von Arbeitsaufträgen zur Führungsroutine gehört, ist immer wieder zu beobachten, dass nicht mit der notwendigen Klarheit kommuniziert wird. Dieses Phänomen wird noch dadurch verstärkt, dass Führungskräfte und Mitarbeiter, die schon lange zusammenarbeiten, zu wissen glauben, welche Erwartungen und Anforderungen der andere gerade hat. Doch oft genug hat jede Seite ihre eigenen Vorstellungen davon, was tatsächlich gemeint ist. Deshalb ist es für Führungskräfte in Zeiten schneller Veränderungen lohnend, die eigene Erwartungshaltung genau zu spezifizieren und sich Zeit für das Besprechen möglicher Fragen und erster Ideen zur Umsetzung zu nehmen.

Nächste Schritte

Bei umfangreichen und komplexen Aufgaben empfiehlt sich ein zweiter Termin zur weiteren Besprechung der Umsetzung, nachdem sich Ihr Mitarbeiter mit der Aufgabe vertraut gemacht hat, beispielsweise am nächsten Tag.

Meilensteingespräche

Bei vielen Aufgaben und Projekten haben sich regelmäßige Meilensteingespräche etabliert, beispielsweise im täglichen Stand-up-Meeting, um die nächsten Aktivitäten an die jeweiligen Anforderungen und Prioritäten anzupassen.

2.3 Fokus Feedback

Positives Feedback

Positives Feedback motiviert

Positives Feedback stellt für Mitarbeiter eine wichtige Form der Anerkennung dar. Über diese Anerkennung hinaus bietet positives Feedback eine ganze Reihe weiterer nennenswerter Vorteile: Durch das gemeinsame Sprechen über Erfolge werden diese leichter wiederhol- und ausbaubar, der Mitarbeiter steigert durch die bessere Kenntnis seiner Stärken seine Erfolgszuversicht, Qualitätsmaßstäbe werden transparent und die Führungskraft erhält einen besseren Überblick über die in ihrem Bereich vorhandenen Talente. Und letztlich besagt ein positives Feedback ja auch, dass Sie als Führungskraft Ihre Aufgabe gut gemacht haben, sei es bei der Auswahl von Mitarbeitern, deren Einsatz oder Entwicklung.

Abb.: Anerkennung durch Feedback

Lob

Neben dem ausführlichen Feedback ist es im Sinne einer konstruktiven Teamkultur empfehlenswert, auch „nur" gute Leistung öfter einmal mit einem kurzen Lob anzuerkennen, beispielsweise mit einem „Das hat Spaß gemacht," „Das ist Ihnen gut gelungen," oder „Prima, danke für Ihren Einsatz".

Wann immer ein Mitarbeiter eine Leistung zeigt, die (deutlich) über das „normale" Maß hinausgeht, lohnt es sich, diesen Erfolg durch ein Feedback-Gespräch anzuerkennen. Dazu reichen je nach Anlass und Bandbreite der Themen meist 10 bis 20 Minuten aus. Ein positives Feedback-Gespräch lässt sich auch gut in die regelmäßig stattfindenden One-to-Ones integrieren.

Fragen zur Gesprächsvorbereitung

- Was genau an der Leistung des Mitarbeiters ist gut, sehr gut oder herausragend? Woran machen Sie das fest?
- Wo lagen aus Ihrer Sicht die besonderen Herausforderungen bei der Aufgabe?
- Wo hat sich der Mitarbeiter im Vergleich zu seinem bisherigen Leistungsniveau verbessert?
- Haben Sie schon erste Ideen oder Beobachtungen dazu, auf welche Fähigkeiten, Stärken oder Talente der Erfolg zurückzuführen ist?
- Mit welchen drei Begriffen lässt sich die Leistung des Mitarbeiters am besten beschreiben?
- Welche der gezeigten Stärken könnte der Mitarbeiter weiter ausbauen? Wie könnte das gehen?
- Wie könnten andere Kollegen von den Erfahrungen des Mitarbeiters profitieren?

Gesprächsverlauf

Einen Schwerpunkt positiven Feedbacks bildet ein Thema, das oft für selbstverständlich gehalten wird: Diejenigen Aufgaben, die dem Mitarbeiter leichtgefallen sind, für die er ein besonderes „Händchen" hat. Denn gerade dahinter verbergen sich Talente und Stärken. Weitere Schwerpunkte des Feedback-Gesprächs sind die Herausforderungen der jeweiligen Aufgabenstellung sowie die Lernerfahrungen des Mitarbeiters.

Das positive Feedback-Gespräch ist nach der Rückmeldung zur Situation im Wesentlichen durch einen Dialog gekennzeichnet, der den Mitarbeiter dazu anregen soll, die eigene Leistung zunächst von sich aus einzuschätzen und seine Stärken zu benennen. Aufgabe der Führungskraft ist es, die Aussagen des Mitarbeiters differenziert zu bestätigen und um eigene Beobachtungen zu ergänzen.

Haken Sie nach

Vielen Menschen fällt es schwer, über die eigenen Stärken zu sprechen. Deshalb ist das Nachhaken bei diesem Gespräch eine wichtige Technik (siehe Teil 1, S. 24), um den guten Ergebnissen auf den Grund zu gehen.

Kernaussagen

- Ich finde, das war eine sehr gute Leistung – unser Gespräch möchte ich dafür nutzen, mit Ihnen darüber zu sprechen.
- Ich möchte mehr darüber erfahren, wie Sie das gemacht haben, was wir daraus für weitere Projekte lernen können und wie Sie Ihre Stärken vielleicht noch weiter ausbauen können.
- Danke für unser Gespräch. Klasse, dass es so gut läuft – ich freue mich auf unsere weitere Zusammenarbeit.

Download: Kernaussagen und Navigationsfragen

Navigationsfragen

- Wie zufrieden sind Sie selbst mit dem Ergebnis?
- Was schätzt unser Kunde wohl am meisten am Ergebnis?
- Was ist Ihnen Ihrer Einschätzung nach besonders gut gelungen?
- Worin bestanden für Sie die Herausforderungen bei dieser Aufgabe?
- Was an der Aufgabe hat Ihnen besondere Freude bereitet?
- Was waren aus Ihrer Sicht die Erfolgsfaktoren bei dieser Aufgabe?
- Welche Aufgaben fielen Ihnen besonders leicht?
- Welche Ihrer Fähigkeiten wurden durch die Aufgabe besonders gefordert?
- Gibt es Dinge, die Sie rückblickend anders machen würden?
- Was wäre vor dem Hintergrund dieser Erfahrungen aus Ihrer Sicht eine neue Aufgabe für Sie, woran hätten Sie Spaß?
- Würden Sie dieses Projekt gern in unserem nächsten Team-Meeting vorstellen?

Einwandbehandlung

Ich habe ja nur meinen Job gemacht.

- Ja, und zwar ziemlich gut, denke ich. Lassen Sie uns deshalb gemeinsam herausfinden, wie Sie dieses Ergebnis erreicht haben. Was würden Sie beispielsweise einer neuen Kollegin raten, die mit dieser Aufgabe betraut wird? Worauf müsste sie besonders achten, damit es gut läuft?

Das kann ich gar nicht so genau sagen, es ist halt einfach gut gelaufen.

- Was genau ist denn aus Ihrer Sicht gut gelaufen?

Ich habe einfach schon viel Erfahrung mit solchen Aufgaben, das habe ich ja schon x-mal gemacht.

- Von welcher Erfahrung genau haben Sie denn am meisten profitiert bei dieser Aufgabe?

Ja, das war ganz gut, aber womit ich gar nicht zufrieden bin, ist ...

- Wenn ich Sie hier kurz unterbrechen darf – für den Moment würde ich gerne bei den Punkten bleiben, die gut gelaufen sind. Welche waren das aus Ihrer Sicht?

Kommunikationsklippen

Eine wesentliche Herausforderung von positiven Feedback-Gesprächen liegt darin, dass sie überhaupt stattfinden. Denn obwohl der Nutzen dieses Führungsinstruments allgemein anerkannt ist, ist das Fehlen positiver Rückmeldung ein häufiger Kritikpunkt von Mitarbeitern.

Für viele Mitarbeiter ist das Sprechen über ihre Erfolge zunächst ungewohnt. Das kann dazu führen, dass Antworten eher einsilbig ausfallen. Manch ein Mitarbeiter wechselt auch schneller als man sich versieht das Thema und berichtet von seinen Schwierigkeiten und davon, was nicht so gut gelungen ist. An diesen Punkten können Sie mit wohlwollenden, beharrlichen Rückfragen dafür sorgen, dass das Gespräch auf die Stärken und Erfolge des Mitarbeiters fokussiert.

Nächste Schritte

Auch eine Form der Anerkennung: neue, motivierende Aufgaben

Eine ebenso motivierende und nützliche Form der Anerkennung für gute Leistungen sind neue, anspruchsvolle Aufgaben, die es dem Mitarbeiter ermöglichen, seine Stärken weiter auszubauen. Es wird nicht immer von heute auf morgen möglich sein, eine passende neue Aufgabe zu vergeben. Aber beiden Gesprächspartnern, Mitarbeiter und Führungskraft, wird es erleichtert, nach weiterführenden Aufgaben Ausschau zu halten, wenn dieser Punkt explizit thematisiert wurde.

Klärungsgespräch

Wenn Mitarbeiter von ihrem gewohnten Verhalten abweichen und beispielsweise öfter zu spät kommen, vermehrt Fehler machen oder sich im Ton vergreifen, gibt es dafür meist nachvollziehbare Gründe. Beispielsweise Über- oder Unterforderung, Stillstand der Karriere, mangelnde Wertschätzung, persönliche Spannungen oder auch private Sorgen; oder es spielen mehrere Gründe zusammen. Fallen Ihnen solche Abweichungen auf, ist es empfehlenswert, Ihre Beobachtungen zunächst im Rahmen eines Klärungsgesprächs zu adressieren.

Das Klärungsgespräch verfolgt zwei Ziele: Zum einen signalisieren Sie dem Mitarbeiter, dass Sie sein abweichendes Verhalten bemerkt haben, was schon für sich genommen zu einer positiven Veränderung führen kann. Zum anderen erhalten Sie die Chance, unvoreingenommen nach den Ursachen zu fragen, ohne dass Sie gleich zu stärkeren Interventionen wie zum Beispiel einem Kritikgespräch greifen müssten.

Wenn es eine plausible Ursache für das Verhalten des Mitarbeiters gibt, stellt sich auch die Frage, warum der Mitarbeiter mit seinem Thema nicht direkt zur Führungskraft gekommen ist. War das Problem dem Mitarbeiter nicht bewusst? Hat er gedacht, es selbst lösen zu können? Wollte er sich der Führungskraft nicht anvertrauen oder dieser zur Last fallen? Zu einem professionellen Vorgehen gehört es auch, ggf. dieses abgeleitete Thema anzusprechen.

Führen Sie Klärungsgespräche zeitnah

Klärungsgespräche sollten zeitnah geführt werden, sobald Sie eine Verhaltensänderung des Mitarbeiters bemerken. Das eigentliche Klärungsgespräch ist kurz, vielleicht fünf Minuten. Sollten „große" Themen zum Vorschein kommen, ist es meist ratsam, dafür einen separaten Termin zu vereinbaren – so können sich Mitarbeiter und Führungskraft vorbereiten und es ist genügend Zeit für das Gespräch vorhanden. Sind auch durch Nachfragen keine besonderen Gründe für das neue Verhalten erkennbar, ist es empfehlenswert, mit einigem zeitlichem Abstand ein Folgegespräch anzusetzen, um den Sachverhalt nachzuhalten.

Fragen zur Gesprächsvorbereitung

- Inwiefern genügt das Verhalten oder die Leistung des Mitarbeiters nicht Ihren Erwartungen? Woran machen Sie das fest?
- Wie würden Sie den Sachverhalt neutral beschreiben (nicht bewerten)? Was würde etwa ein dokumentarischer Mitschnitt der jeweiligen Situation dem Beobachter zeigen?
- Als wie schwerwiegend stufen Sie die Vorkommnisse ein?
- Hat sich das Verhalten des Mitarbeiters im Zeitverlauf abrupt oder langsam verändert? Wann und womit begann das auffällige Verhalten?
- Haben Sie eine Vermutung, was mögliche Ursachen für das neue Verhalten sein könnten?
- Gab es dieselben Auffälligkeiten früher schon einmal? Wo lagen ggf. damals die Ursachen?

Gesprächsverlauf

Da es sich in der Regel um die Klärung von Sachverhalten handelt, ist bei diesen Gesprächen eine bestimmte Reihenfolge der Fragen nicht erforderlich – die Navigationsfragen bieten Ihnen Anregungen, um ins Gespräch zu kommen.

Kernaussagen und Navigationsfragen

Download: Kernaussagen und Navigationsfragen

- Mir ist aufgefallen, dass Sie in letzter Zeit öfter später kommen. Was steckt denn dahinter?
- Mir ist aufgefallen, dass Ihre Präsentationen in letzter Zeit immer wieder einmal kleinere Fehler aufweisen und Sie nur noch wenige neue Ideen einbringen. Das war bisher nicht so, und deshalb wollte ich Sie fragen, was es damit auf sich hat?
- Bei unserem Abteilungsmeeting waren Sie die letzten beiden Male recht schweigsam. Was war denn los?
- In letzter Zeit habe ich zwei- oder dreimal mitbekommen, dass in Gesprächen mit Herrn X ein gereizter Ton herrschte. Wie kam es denn dazu?

Einwandbehandlung

Mir wird das hier einfach zu viel. Wir haben schon so viel zu tun und immer kommt noch mehr obendrauf, da kann ich manchmal einfach nicht mehr.

- Das war mir so nicht bewusst und ich hätte mir auch gewünscht, dass Sie mir das sagen. Lassen Sie uns einen Termin vereinbaren und das genauer betrachten. Bitte bereiten Sie schon einmal eine Aufstellung mit Ihren aktuellen Aufgaben vor.

Ja, ich weiß. Tut mir leid, ich bekomme das schon wieder in den Griff.

- Ja, das denke ich auch – lassen Sie uns in vier Wochen noch einmal dazu sprechen. Und wenn Sie in der Zwischenzeit noch einmal reden wollen, kommen Sie jederzeit gern bei mir vorbei.

Das war mir gar nicht so aufgefallen.

- Das wundert mich, denn ich kenne Sie als engagierte Mitarbeiterin, der solche Dinge wichtig sind. Was ist denn los?

Das kann doch gar nicht sein, das war höchstens zwei oder drei Mal.

- In diesem Punkt haben wir eine unterschiedliche Wahrnehmung. Lassen Sie uns diesen Punkt deshalb in den nächsten sechs Wochen im Auge behalten; dann sprechen wir noch einmal darüber.

Das war doch nie mehr als eine halbe Stunde.

- Ja, das stimmt. Allerdings gelten für alle dieselben Regeln – bitte halten Sie sich daran. Und wenn es einen wichtigen Grund dafür gibt, dass Sie nicht pünktlich hier sein können, sagen Sie mir bitte vorher Bescheid.

Beobachten Sie mich etwa?

- Bei der Häufigkeit, mit der Sie während der Arbeitszeit im Internet surfen, ließ es sich nicht vermeiden, dass mir das auffällt. Und ich sehe es in der Tat als meine Aufgabe an, solche Dinge im Blick zu behalten.

Kommunikationsklippen

Besonders wichtig ist in Klärungsgesprächen die Offenheit der Führungskraft für die Antworten des Mitarbeiters. Denn es geht um die Adressierung und Klärung des Sachverhalts, nicht um eine Kritik am Mitarbeiter. Achten Sie deshalb neben der Wortwahl auch darauf, dass sich Ihre möglicherweise vorhandene Ungehaltenheit nicht doch ein (nonverbales) Ventil sucht. Es lohnt sich, vor dem Gespräch aktiv an einer konstruktiv-interessierten Grundhaltung zu arbeiten und eine mögliche Irritation erst einmal „zwischenzuparken", bis Klarheit herrscht. Mit Verständnisfragen (siehe Teil 1, Seite 23) signalisieren Sie dem Mitarbeiter diese Grundhaltung.

Bemühen Sie sich um eine konstruktiv-interessierte Grundhaltung

Einerseits ist im Klärungsgespräch eine gewisse Verbindlichkeit nötig, um die Ursachen für das Verhalten des Mitarbeiters herauszufinden. Andererseits sollte die Führungskraft den Mitarbeiter im ersten Schritt nicht bedrängen. Wenn der Mitarbeiter bei einem erstmaligen Gespräch über die betreffende Angelegenheit wenig zu seinen Gründen sagt oder nicht im Detail darüber sprechen will, kann es geschickter sein, das Thema für den Moment ruhen zu lassen. Behalten Sie den Sachverhalt im Auge und suchen Sie das Gespräch ggf. erneut. Das wichtigste Gesprächsziel, die Sensibilisierung des Mitarbeiters, haben Sie wahrscheinlich erreicht.

Kritisches Feedback zur Leistung

Konstruktiv geführte Kritikgespräche beinhalten ein großes Potenzial, aus Fehlern zu lernen und dadurch die zukünftige Leistung zu verbessern. Denn kaum ein Mitarbeiter leistet vorsätzlich schlecht. Bei der Analyse sollten Führungskräfte deshalb zunächst nach Gründen des Nicht-Könnens suchen, etwa nach fehlenden Fähigkeiten, Ressourcenknappheit, kollidierenden Prioritäten, der Zusammenarbeit im Team oder auch Abstimmungsproblemen mit der Führungskraft. Erst wenn diese Hypothesen nicht weiterführen, ist es sinnvoll, die Motivation des Mitarbeiters zu hinterfragen, also ein mögliches Nicht-Wollen in Betracht zu ziehen. Unabhängig von der Analyse der Gründe mangelnder Leistung ist es empfehlenswert, möglichst zügig auf die verbesserte Leistung und den Weg dorthin zu sprechen zu kommen. Idealerweise sollten Kritikgespräche geführt werden, solange der relevante Sachverhalt „frisch" ist. Gerade weil sich über die Ursachen schlechter Leistung vortrefflich streiten lässt, sollten kritische Feedback-Gespräche zeitlich limitiert sein, beispielsweise auf eine halbe Stunde.

Zeitlich limitieren

Fragen zur Gesprächsvorbereitung

- Mit welchen Leistungsaspekten sind Sie nicht zufrieden, beispielsweise Geschwindigkeit, Termintreue, Menge, Qualität, Innovationsgrad, Zielfokus, Kundenorientierung, Eigenständigkeit, Abstimmung mit anderen?
- Wie können Sie die erbrachte Leistung am besten beschreiben (nicht bewerten)?
- Wie würde ein besseres Ergebnis aussehen? Woran machen Sie das fest?
- Welche Gründe vermuten Sie hinter der unzureichenden Leistung des Mitarbeiters?
- Wie konkret haben Sie Ihre Erwartungen an den Mitarbeiter kommuniziert? Wie gut kannte der Mitarbeiter Ihre Gütekriterien?
- Was würden Sie bei der nächsten Aufgabe für diesen Mitarbeiter ggf. anders machen?
- Würden Sie den Leistungsfortschritt beim nächsten Mal intensiver verfolgen und ggf. schneller intervenieren?
- Wie könnte eine Nachbesserung durch den Mitarbeiter aussehen? In welchem Zeitraum lässt sie sich realisieren?
- Welche Fähigkeiten sollte der Mitarbeiter Ihrer Ansicht nach ausbauen?

Gesprächsverlauf

Das Kritikgespräch startet mit der Beschreibung der aktuellen Leistung, verbunden mit deren Einordnung durch die Führungskraft. Je nach Situation und Mitarbeiter kann es sinnvoll sein, zunächst einen sanfteren Einstieg zu wählen (Klärung). Damit Folgemaßnahmen greifen, ist es notwendig, im Gespräch Einvernehmen sowohl über die aktuelle Leistung des Mitarbeiters als auch über die zukünftigen Erwartungen

Abb.: Das Kritikgespräch sollte Einvernehmen über die aktuellen Leistungen sowie über zukünftige Erwartungen herstellen

zu erzielen. Im nächsten Schritt können Sie idealerweise schon über Wege zu einer verbesserten Leistung sprechen.

Kernaussagen

- Ich möchte heute mit Ihnen über das aktuelle Projekt sprechen – mit dem Ergebnis bin ich nicht so zufrieden wie sonst.
- Ich kenne von Ihnen eine andere Leistung – umso mehr hat es mich überrascht, dass die Qualität in diesem Fall nicht stimmt. Was war denn los?
- Mit diesem Ergebnis bin ich nicht zufrieden.
- In Punkt A und B entspricht das Ergebnis nicht meinen Erwartungen.
- Dadurch ist es uns jetzt nicht möglich, ... *(Folgen aufzeigen).*
- Mir ist für unsere weitere Zusammenarbeit wichtig, dass Sie/wir ...
- In diesem Punkt würde ich gern eine Verbesserung sehen: ...
- Ich denke, dass es beim nächsten Mal wieder besser läuft.

Download:
Kernaussagen und Navigationsfragen

Navigationsfragen

- Wie schätzen Sie selbst Ihre Leistung/das Ergebnis ein?
- Woran lag das aus Ihrer Sicht?
- Was hat Sie bei der Arbeit behindert? Was war förderlich?
- Wenn Sie beim nächsten Mal eine Sache anders machen würden, damit es besser läuft, welche wäre das?
- Würden Sie noch etwas anders machen?
- Wenn Sie eine Fähigkeit ausbauen würden, damit das Projekt beim nächsten Mal besser läuft, welche wäre das?
- Welche Unterstützung brauchen Sie ggf. dafür?

Einwandbehandlung

Ich weiß nicht, was Sie meinen – ich finde das in Ordnung.

- Das sehe ich nicht so. Ich erläutere Ihnen noch einmal die Punkte, mit denen ich nicht zufrieden bin.

Ich habe nicht die Unterstützung bekommen, die ich gebraucht hätte.

- Was können Sie beim nächsten Mal tun, um die notwendige Unterstützung zu bekommen?

Das können Sie mir nicht zum Vorwurf machen, das wusste ich nicht.

- Es gehört zu Ihren Aufgaben, diese Informationen zu beschaffen.

Oder:

- Es geht ja nicht um Schuldzuweisung – wir haben uns offensichtlich nicht optimal abgestimmt. Lassen Sie uns das jetzt nachholen und schauen, wie wir das Beste daraus machen.

Das finde ich unfair. Ich habe mehr als zwei Wochen daran gearbeitet, und jetzt kommt auf einmal diese Kritik aus dem Nichts.

- Ich bin davon ausgegangen, dass wir dieselben Vorstellungen von dem Ergebnis haben; das war offensichtlich nicht der Fall. Lassen Sie uns das beim nächsten Mal besser abstimmen. Und jetzt überlegen wir zusammen, wie wir das wieder hinbekommen.

Ihre Kritik finde ich überzogen, meine Lösung ist wirklich gut.

- In Ordnung. Dann lassen Sie uns Ihr Konzept noch einmal durchgehen und die Vor- und Nachteile abgleichen.

Kommunikationsklippen

Für viele Führungskräfte und Mitarbeiter gehört kritisches Feedback nicht zu den bevorzugten Gesprächsarten. Deshalb ist es häufig die größte Herausforderung, dass diese Gespräche überhaupt (zeitnah) stattfinden. Das gelingt gut, wenn Sie sich den Nutzen dieser Gesprächsart vergegenwärtigen und den Fokus auf eine verbesserte Leistung legen.

Es ist für eine konstruktive Gesprächsatmosphäre hilfreich, wenn die Führungskraft gelassen bleibt und sich emotional nicht involviert. Das funktioniert gut, wenn Sie sich zunächst auf dieses eine Gespräch fokussieren. Sollte das nicht zu dem gewünschten Ergebnis führen, lässt sich der Sachverhalt später immer noch mit Interventionen, die ggf. auch über ein Gespräch hinausgehen können, eskalieren.

Nächste Schritte

Ein wesentlicher Erfolgsgarant bei Kritikgesprächen ist es, die getroffenen Vereinbarungen konsequent nachzuhalten, d.h., die Ergebnisse zu dokumentieren und das Thema kontinuierlich zu beobachten. Verlaufen solche Gespräche im Nichts, lässt die dem Gespräch folgende Wirkung nicht nur beim betreffenden Mitarbeiter schnell nach.

Werden die Vereinbarungen eingehalten?

Kritisches Feedback zum Verhalten

Bei Verhalten, das vereinbarte Spielregeln und Unternehmenswerte untergräbt, sollten Sie als Führungskraft zügig einschreiten. Beispiele für solche vermeintlichen Kleinigkeiten sind regelmäßige Verspätungen, ein respektloser Ton und das Ignorieren von Vereinbarungen, wie z.B. die Nichtbenutzung des Smartphones während eines Meetings. Es verbessert das Klima im gesamten Team, wenn Sie dem jeweiligen Mitarbeiter im Einzelgespräch verdeutlichen, dass für alle dieselben Regeln gelten.

Gleiche Regeln für alle

Länger als 20 Minuten sollte kritisches Feedback zum Verhalten normalerweise nicht in Anspruch nehmen, denn es geht um einen überschaubaren Sachverhalt und das Gespräch sollte nicht zum Diskutieren darüber einladen.

Fragen zur Gesprächsvorbereitung

- Welche Regeln und Werte gelten im Unternehmen – Stichwort Spielregeln, Compliance und Unternehmenskultur?
- Wie lange zeigt der Mitarbeiter dieses Verhalten schon? In welcher Intensität?
- Welche Auswirkungen hat das Verhalten des Mitarbeiters?
- Welche konkreten Belege können Sie anführen?
- Welche Konsequenzen können und wollen Sie ziehen, um das erwünschte Verhalten einzufordern?
- Was könnte schlimmstenfalls im Gespräch passieren? Und wie würden Sie darauf reagieren?
- Was würde geschehen, wenn Sie das Kritikgespräch nicht führen?

Gesprächsverlauf

Das erste Gesprächsziel ist es, Einvernehmen über den Sachverhalt herzustellen. Ist dies nicht möglich, ist das Kritikgespräch an diesem Punkt erst einmal beendet. Teilen Sie dem Mitarbeiter in diesem Fall mit, dass

Einvernehmen über den Sachverhalt herstellen

sein Verhalten in den kommenden Wochen unter Beobachtung steht. Mitunter kann das sogar schon die Lösung des Problems sein.
Es ist empfehlenswert, nach den Gründen für das Fehlverhalten zu fragen. Diesen Grund zu kennen, kann bei der Lösungsfindung hilfreich sein. Allerdings sollte sich das Gespräch nicht in der Diskussion möglicher Ursachen verlieren, sondern sich auf die Verhaltensänderung konzentrieren.

Download: Kernaussagen und Navigationsfragen

Kernaussagen

- Ich habe Sie zu diesem Gespräch gebeten, weil mir aufgefallen ist, dass Sie die Pausenzeiten häufiger überziehen.
- Ich erwarte von Ihnen, dass Sie sich wie alle anderen Mitarbeiter an die vereinbarten Spielregeln halten.
- Prima, es freut mich, dass wir so schnell eine Lösung gefunden haben. Lassen Sie uns in vier Wochen noch einmal kurz zusammensetzen, um das Thema abzuschließen.
- Da wir heute keine Einigkeit erzielt haben, beobachte ich die Einhaltung Ihrer Pausenzeiten in nächster Zeit genauer. In vier Wochen setzen wir uns zu diesem Thema wieder zusammen.

Navigationsfragen

- Gibt es wichtige Gründe für Ihr Verhalten?
- Wie können Sie sicherstellen, dass... (gewünschtes Verhalten benennen)?

Einwandbehandlung

Wer bestimmt die Spielregeln der Zusammenarbeit?

Bei Verhaltensauffälligkeiten geht es unter der Oberfläche oft auch darum, wer die Spielregeln der Zusammenarbeit bestimmt. Deshalb ist es trotz eines in der Regel eher „kleinen" Anlasses nicht ungewöhnlich, dass Mitarbeiter auch unsachliche Gegenargumente vorbringen.

Nachfolgend am Beispiel einer überzogenen Mittagspause einige Kniffe zur Einwandbehandlung:

Das stimmt doch gar nicht. Vielleicht komme ich ab und zu mal ein bisschen zu spät, aber in der Regel halte ich die Pausenzeiten doch ein.

- Das würde mich freuen, wenn ich mich da getäuscht habe. Dann lassen Sie uns das in den nächsten vier Wochen genauer beobachten und dann wir setzen uns wieder zusammen.

Es ist zu Hause so viel los: ...

- Das verstehe ich. Das sollte allerdings nicht dazu führen, dass Sie ohne Bescheid zu sagen einfach Ihre Pausen verlängern.

Bisher war das ja scheinbar immer in Ordnung, da haben Sie ja auch nichts gesagt.

- Ja, das stimmt. Ich hatte eigentlich von Ihnen erwartet, dass Ihnen das von selbst auffällt und Sie sich wieder an die regulären Pausenzeiten halten. Weil das nicht passiert ist, führen wir heute dieses Gespräch.

Meine Leistung stimmt doch. Darauf sollte es doch ankommen!

- Natürlich kommt es auf Ihre Leistung an. Und neben Ihrer Leistung ist mir auch wichtig, dass unsere Spielregeln eingehalten werden – dazu gehören die Pausenzeiten.

Dann werde ich jetzt auch noch dafür bestraft, dass ich schnell und gut arbeite?

- Das fände ich schade, wenn Sie das so sehen, denn ich weiß Ihre Arbeit sehr zu schätzen. Es ist allerdings so, dass es eine Pausenregelung gibt, die für alle gleich gilt. Da mache ich keine Ausnahme.

Wird hier jetzt jeder Schritt mit der Stoppuhr kontrolliert?

- Natürlich sähe ich es lieber, Sie würden selbst auf die Einhaltung Ihrer Pausenzeiten achten. Denn darum geht es, dass wir uns alle an die vereinbarten Spielregeln halten. Solange Sie das nicht selbst tun, werde ich Ihre Pausenzeiten regelmäßig kontrollieren.

Ich bin ja nicht die Einzige, die ihre Pausen überzieht. Da müssen Sie auch mit den anderen sprechen. Der Herr Meier ...

- Mit den Kollegen spreche ich, wenn ich es für notwendig halte. Jetzt sprechen wir über Ihr Verhalten.

Wir sind doch nicht auf einer Galeere!

- Das stimmt, wir sind bei (Unternehmensname). Und bei uns gelten für alle die gleichen Regeln.

Kommunikationsklippen

Achten Sie auf eine solide Informationsbasis

Es ist wichtig, bei kritischem Feedback zum Verhalten über eine solide Informationsbasis zu verfügen. Eine Rückmeldung dem Hörensagen nach entzieht der Führungskraft die Argumentationsgrundlage und lädt zu Recht zu kritischen Nachfragen ein („Wird hinter meinem Rücken über mich geredet?!"). Besser warten Sie in einem solchen Fall noch eine Weile ab und dokumentieren das relevante Verhalten selbst. Sind Sie für ein Thema sensibilisiert, können Sie meist mit wenig Aufwand beobachten, dass ein Mitarbeiter beispielsweise häufige Raucherpausen macht oder viel im Internet surft.

Abb.: Lassen Sie sich nicht durch andere Themen ablenken

Manche Mitarbeiter versuchen im Gespräch, einen Nebenschauplatz aufzumachen, um von ihrem Verhalten abzulenken. Steuern Sie in diesem Fall konsequent auf den eigentlichen Gesprächsanlass zurück. Wenn kein Einvernehmen über den Sachverhalt erreicht werden kann, ist es oft hilfreich, das Gespräch vorerst zu beenden.

Nächste Schritte

Dokumentieren Sie das Verhalten des Mitarbeiters

Sie erhöhen den Wirkungsgrad des Gesprächs deutlich, wenn Sie das Verhalten des Mitarbeiters in den Wochen nach dem Kritikgespräch genauer beobachten und ggf. dokumentieren. Für den Fall, dass der Mitarbeiter sein Verhalten nicht verändert, sind diese Notizen die Grundlage für weitere Schritte, beispielsweise eine Er- oder Abmahnung. Auch kurze Rückmeldungen an den Mitarbeiter, wie Sie sein Verhalten in der Zwischenzeit erleben, sind hilfreich.

3 Mitarbeitergespräche im Personallebenszyklus

In diesem dritten Teil geht es um Mitarbeitergespräche, die sich am Personallebenszyklus orientieren und einmalig je Mitarbeiter, periodisch in längeren Abständen oder auch anlassbezogen stattfinden – von der Personalauswahl bis zur Trennung:

- *Fokus Personalgewinnung:* Auswahlgespräch
- *Fokus Einarbeitung:* Onboarding-Gespräch, Probezeitgespräch
- *Fokus Personalentwicklung:* Persönliche Entwicklung, Seminar-Transfer, Laufbahnplanung, Rückkehrgespräche
- *Fokus Leistung:* Zielvereinbarung, Beurteilung, Gehalt
- *Fokus Handlungsbedarf:* Kommunikation in Veränderungsprozessen, Konflikte im Team, Low Performer, Alkoholmissbrauch, Abmahnung
- *Fokus Trennung:* Kündigung, Exit-Interview
- *Extra:* Upward-Feedback

Innerhalb der einzelnen Gespräche finden Sie, wie auch schon in Teil 2, die nachfolgenden Rubriken vor (Ausnahme: Auswahlgespräch). Je nach Charakteristik des Gesprächs sind nicht immer alle Themen relevant, so dass in einigen Gesprächen nur ausgewählte Kategorien vorkommen.

- *Fragen zur Gesprächsvorbereitung:* Diese Fragen unterstützen Sie dabei, das Gespräch zielgerichtet vorzubereiten
- *Gesprächsverlauf:* Für ausgewählte Gespräche finden Sie Hinweise zur Abfolge der Inhalte
- *Navigationsfragen:* Diese Fragen können Sie dem Mitarbeiter im Gespräch stellen
- *Kernaussagen:* Bei einigen Gesprächsarten bringen diese Sätze typische Aussagen auf den Punkt
- *Einwandbehandlung:* Hier finden Sie Repliken auch für unsachliche oder herausfordernde Einwände der Mitarbeiter

Jochen Gabrisch

- *Kommunikationsklippen:* In diesem Abschnitt sind wichtige „Don'ts" für die jeweilige Gesprächsart zusammengefasst
- *Nächste Schritte:* Bei einer ganzen Reihe von Gesprächen empfiehlt es sich, die Inhalte nachzuhalten; hier finden Sie Empfehlungen dafür.

Weil es eine Weile dauern kann, bis sich bei diesen Gesprächen Routine einstellt, und weil von der Qualität dieser Gespräche viel abhängt, ist eine gute Vorbereitung wichtig. Wie schon in Teil 2 eignen sich die Leitfäden dieses Teils gut als Ideenquelle, wenn eines der Gespräche ansteht.

3.1 Fokus Personalgewinnung

Auswahlgespräch

Personalauswahl verändert sich durch innovative Formate aktuell stark – Beispiele sind automatisiertes Video-Interviewing, digitale Sprachanalyse und Gamification. Das persönliche Auswahlgespräch nimmt trotz dieser Innovationen in den meisten Auswahlprozessen immer noch die zentrale Rolle ein. Um Interviews professionell zu führen, stellen wir Ihnen in diesem Kapitel einen kompakten und kommentierten Interviewleitfaden vor, ergänzt um die wichtigsten Interviewtipps.

Die fünf wichtigsten Interviewtipps

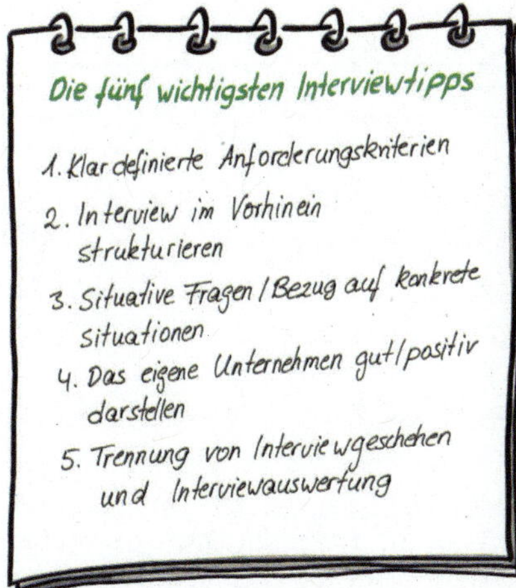

1. Klar definierte Anforderungskriterien

Ein professionell erstelltes Anforderungsprofil hilft bei der Wahl der richtigen Kandidaten

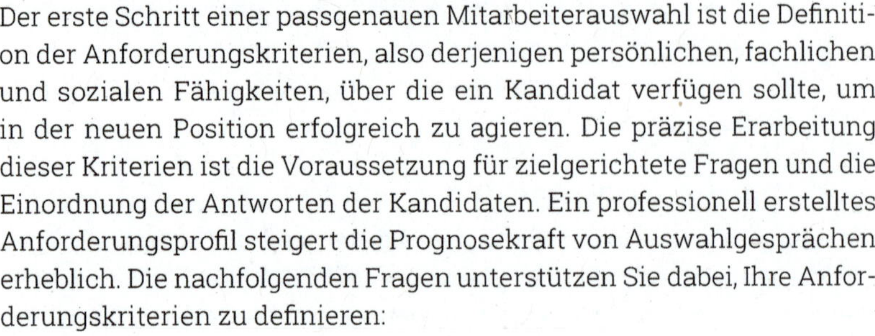

Der erste Schritt einer passgenauen Mitarbeiterauswahl ist die Definition der Anforderungskriterien, also derjenigen persönlichen, fachlichen und sozialen Fähigkeiten, über die ein Kandidat verfügen sollte, um in der neuen Position erfolgreich zu agieren. Die präzise Erarbeitung dieser Kriterien ist die Voraussetzung für zielgerichtete Fragen und die Einordnung der Antworten der Kandidaten. Ein professionell erstelltes Anforderungsprofil steigert die Prognosekraft von Auswahlgesprächen erheblich. Die nachfolgenden Fragen unterstützen Sie dabei, Ihre Anforderungskriterien zu definieren:

Download: Der Katalog der persönlichen Eigenschaften

- Welches sind die zwei bis drei wesentlichen Ziele der Position?
- Welche Kernaufgaben resultieren daraus?
- Welches sind erfolgskritische Situationen?
- Welche Fähigkeiten (fachlich, persönlich, sozial) sind erforderlich, um die Aufgabe erfolgreich auszuüben?
- Welche Fähigkeiten ließen sich, falls noch nicht vorhanden, auch trainieren?

2. Teilstrukturierte Interviewführung

Um möglichst objektiv vorzugehen und gleichzeitig flexibel zu bleiben, nutzen viele Unternehmen das teilstrukturierte Interview. Es bietet sowohl die Vorteile des strukturierten als auch des unstrukturierten Interviews: Das Grundgerüst des Auswahlgesprächs bildet ein kompakter Gesprächsleitfaden (siehe Interviewleitfaden, Seite 61 f.) – damit stellen Sie sicher, dass Sie über alle relevanten Themen sprechen. Darüber hinaus steigert es die Gesprächsqualität deutlich, wenn Sie individuell auf die Antworten des Kandidaten eingehen, indem Sie beispielsweise relevante Erfahrungen vertiefen oder bei unklaren oder knappen Antworten nachhaken.

3. Situative Fragen

Beziehen Sie sich auf konkret erlebte Situationen

Der Großteil der Fragen sollte sich auf konkrete Situationen beziehen, die der Kandidat erlebt hat – so bekommen Sie ein authentisches Bild, wie er sich im Berufsalltag verhalten hat. Bleibt der Kandidat im Allgemeinen, haken Sie nach: „Können Sie mir dazu ein Beispiel geben?"

4. Die eigene Position vermarkten

Nicht nur Top-Kandidaten haben oft die Wahl, für welches Unternehmen sie arbeiten, und wollen überzeugt werden. Das heißt für Interviewer, klar herauszuarbeiten, was die Position dem zukünftigen Mitarbeiter bietet und im Interview ergänzend herauszufinden, worauf er Wert legt.

- Was macht die Position besonders attraktiv?
- Wodurch zeichnet sich Ihr Unternehmen als Arbeitgeber aus – Stichwort Employer of Choice?
- Worauf legt der Kandidat besonderen Wert?

5. Separate Auswertung

Sie steigern die Qualität der Auswahlentscheidung noch einmal deutlich, wenn Sie die Bewertung von Ihrer Beobachtung im Interview abkoppeln und im Nachgang separat vornehmen – sei es alleine oder im Dialog mit den beteiligten Kollegen. Durch die separate Auswertung können Sie sich im Gespräch auf das Fragen und Zuhören konzentrieren; aussagekräftige Notizen erleichtern die spätere Bewertung.

Nehmen Sie sich die Zeit für eine Bewertung nach Gesprächsende

Interviewleitfaden

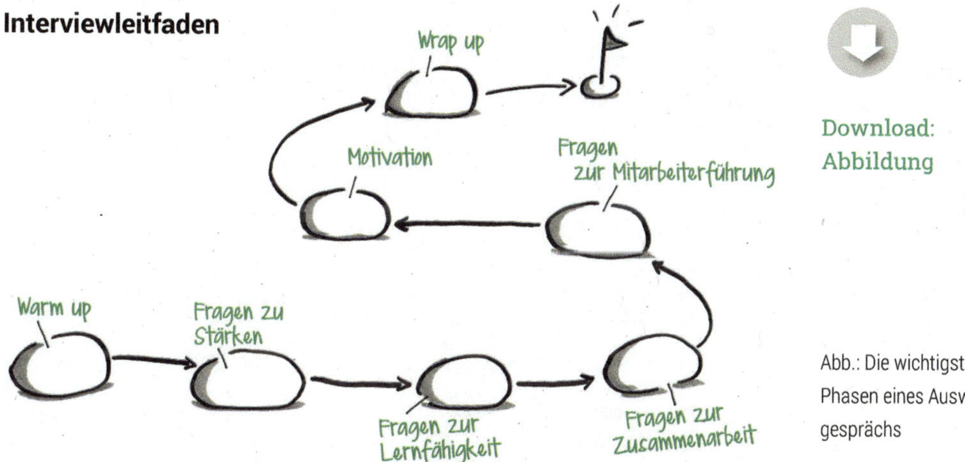

Download: Abbildung

Abb.: Die wichtigsten Phasen eines Auswahlgesprächs

Die Fragen des nachfolgenden Basis-Interviewleitfadens fokussieren die wichtigsten Phasen und Themen eines Auswahlgesprächs mit jeweils einer empfehlenswerten, kommentierten Frage:

1. Warm-up
2. Stärken
3. Lernen
4. Zusammenarbeit
5. Mitarbeiterführung
6. Motivation
7. Wrap-up

Download: Sieben Fragen und jeweilige Anschlussfragen

Diese sieben Fragen bieten Ihnen ein Standard-Gerüst, das für viele Konstellationen passt und selbstverständlich können Sie diese Fragen ergänzen und individualisieren. Für jede Frage finden Sie auch mögliche Anschlussfragen, durch die Sie die empfohlene Hauptfrage im Interview situativ ergänzen können.

1. Warm-up

„Aus welchen Gründen haben Sie sich dazu entschieden, die Einladung zu unserem Gespräch wahrzunehmen?"

Wechselmotivation klären

Diese Frage bezieht sich direkt auf den Gesprächsanlass und bietet sich deshalb zum Start an. Sie ist sehr offen gehalten und gibt dem Kandidaten die Gelegenheit, eigene Schwerpunkte zu setzen und gleichzeitig kaum Ansatzpunkte für „vorgestanzte" Antworten – Sie erhalten gleich zu Beginn ein recht authentisches Bild. Das macht es auch für Sie als Interviewer spannender, als wenn Sie den Kandidaten beispielsweise bitten würden, seinen Lebenslauf zu schildern. Gleichzeitig ist die Frage anspruchsvoll und auf Augenhöhe, sodass es den meisten Kandidaten Freude bereiten sollte, darüber zu sprechen; die Frage ist also auch emotional ein schöner Einstieg. Inhaltlich streifen Sie mit dieser Frage auch die Wechselmotivation des Kandidaten, die sie später im Gespräch nach Bedarf vertiefen können.

Auf diese Punkte können Sie achten:

- Wie souverän und authentisch präsentiert sich der Kandidat?
- Wie verständlich führt der Kandidat aus (z.B. Struktur, Prägnanz)?
- Wie anschaulich spricht der Kandidat? Bleibt er im Allgemeinen oder wird er konkret?
- Welche inhaltlichen Schwerpunkte setzt er? Spricht er beispielsweise mehr von sich selbst oder den Umständen, mehr von der Vergangenheit oder der Zukunft und in Bezug auf seine Wechselmotivation mehr von Push- oder Pull-Faktoren?
- Wie begeistert spricht er?
- Wie nachvollziehbar bzw. glaubwürdig klingen die Schilderungen des Kandidaten für Sie?
- Wie bindet Sie der Kandidat in seine Schilderungen ein?

Anschlussfragen

- Was reizt Sie an der neuen Rolle?
- Was erwarten Sie von einem Wechsel?

- Was würden Ihre Vorgesetzten, Kollegen und Mitarbeiter wahrscheinlich am meisten vermissen, wenn Sie das Unternehmen verlassen? Was würden Sie vermissen?
- So wie Sie unser Unternehmen bisher kennengelernt haben, wie würden Sie es beschreiben?

2. Stärken

„Wenn Sie auf das letzte Jahr zurückblicken – welches sind Ihre drei wichtigsten Erfolge?"

Vergangene Erfolge abfragen

Gäbe es in Interviews nur eine einzige Frage, dann wäre es diese. Durch die Fokussierung auf Erfolge erfahren Sie in der Ableitung viel über die Stärken und Talente des Kandidaten und damit über die Grundlagen seiner Leistung. Doch so leicht diese Frage scheint – viele Kandidaten tun sich schwer damit, ihre eigenen Erfolge pointiert in Worte zu fassen. Vieles wird als selbstverständlich angesehen und der eigene Leistungsbeitrag nicht immer sofort deutlich. Deshalb ist es gerade bei diesem Thema hilfreich, mit Anschlussfragen nachzufassen.

Auf diese Punkte können Sie achten:

- Kann der Kandidat – ggf. mit etwas nachdenken – Erfolge nennen? Wie ambitioniert schätzen Sie diese ein?
- Vermittelt der Kandidat ein gutes Gespür für seine Stärken?
- Wie relevant sind diese Stärken für Ihre Vakanz?
- Ordnet der Kandidat seine Erfolge in den Unternehmenskontext ein (Mehrwert)?
- In welchen Aspekten ist der Kandidat stolz auf seine Leistung und wie zeigt er das?
- Ist der Kandidat voll und ganz bei der Sache oder wirken die Beispiele auswendig gelernt?
- Welche Rolle spielen Führungskräfte, Mitarbeiter und Kollegen bei den Schilderungen?

Anschlussfragen

- Was genau war Ihr Leistungsbeitrag?
- Welcher Beitrag hätte gefehlt, wären Sie nicht dabei gewesen?
- Was ist Ihnen bei dieser Aufgabe besonders leichtgefallen?
- Wo lagen ggf. die Herausforderungen für Sie?
- Zusammengefasst, welches sind Ihre drei Kernstärken?
- Welche Art von Aufgaben vertraut man Ihnen besser nicht an?
- Welche Ihrer Stärken würden Sie gern ausbauen? Auf welche Weise?

3. Lernen

„In welchen Situationen haben Sie in letzter Zeit dazugelernt, sind an Ihre Grenzen gekommen oder wo hat auch einmal etwas nicht funktioniert?"

Wie lernfähig ist der Kandidat?

Lernfähigkeit oder Learning Agility ist von zunehmender Bedeutung in agilen Arbeitswelten – immer schneller ändern sich Wissen, Prozesse und Technologien. In diesem Kontext sagt Ihnen diese Frage viel über das Maß an Neugier, Offenheit und Lernfähigkeit eines Kandidaten. Diese Frage verrät auch viel über den Umgang des Kandidaten mit Fehlern und dient als Indikator für sein Anspruchsniveau.

Auf diese Punkte können Sie achten:

- Kann der Kandidat Situationen schildern, in denen er Offenheit für Neues gezeigt hat?
- Vermittelt der Kandidat Freude an neuen Erfahrungen und am Lernen?
- Steht der Kandidat zu Misserfolgen und lernt daraus?
- Auf welche Weise arbeitet der Kandidat an seinen Fähigkeiten, z.B. Trainings, Lektüre, Austausch?
- Sucht sich der Kandidat selbst Herausforderungen?
- Sucht sich der Kandidat Unterstützung bei Aufgaben, die ihm nicht so liegen?

Anschlussfragen

- Wann haben Sie zuletzt etwas Neues ausprobiert?
- In welchem Bereich haben Sie in letzter Zeit dazugelernt?
- Wie gehen Sie mit Fehlern um?
- Welche Themen stehen aktuell auf Ihrem „Lernzettel"?
- An welchen Weiterbildungen haben Sie im letzten Jahr teilgenommen?
- Bei welchen Themen fragen andere Sie um Rat?
- Wie halten Sie sich über Innovationen in Ihrem Bereich auf dem Laufenden?
- Welches sind aus Ihrer Sicht die bestimmenden Trends Ihrer Branche/Ihres Fachbereichs?

4. Zusammenarbeit

„Mit welchen drei Eigenschaften würden Ihre Kollegen Sie beschreiben?"

Die Bedeutung von Kooperationsfähigkeit ist in vernetzten Arbeitswelten hoch. Mit dieser „triadischen" Frage holen Sie die Kollegen des Kandidaten quasi mit ins Interview. Sie verschafft Ihnen einen Einblick

Kooperationsfähigkeit

darin, wie der Kandidat gesehen wird und in welchem Maße er sich für den Eindruck interessiert, den er auf Kollegen macht.

Auf diese Punkte können Sie achten:

- Geht der Kandidat auf die Frage ein oder versucht er auszuweichen („Da müssen Sie schon meine Kollegen fragen.")?
- Gestaltet der Kandidat die Antwort selbstständig oder fragt er rück („Meinen Sie positive Eigenschaften?")?
- Erweckt der Kandidat den Eindruck, sich schon mit dem Thema beschäftigt zu haben?
- Bezieht sich der Kandidat von sich aus auf konkrete Situationen oder konkretes Feedback?

Anschlussfragen

- Welche aktuellen Beispiele können Sie uns dafür nennen?
- Welche kritische Eigenschaft würden Ihre Kollegen vielleicht nennen?
- Welche Rückmeldung haben Sie in letzter Zeit von Vorgesetzten, Kollegen und Mitarbeitern erhalten?
- Man hat ja immer Kollegen, mit denen man gern und weniger gern zusammenarbeitet – auf welchen Kollegen könnten Sie gut verzichten und aus welchem Grund (keine Namen)?
- Würden Ihre Kollegen Sie auch als hilfsbereit beschreiben? Woran würden sie das festmachen?
- Was ist Ihnen an der Zusammenarbeit darüber hinaus wichtig?

5. Mitarbeiterführung

„Was zeichnet Sie als Führungskraft aus?"

Welches Führungsverständnis hat der Kandidat?

Als Führungskraft hat Ihr vielleicht zukünftiger Mitarbeiter einen entscheidenden Einfluss auf die Leistung und Zufriedenheit seiner Mitarbeiter. Deshalb lohnt es sich, Führung intensiv zu thematisieren.

Auf diese Punkte können Sie achten:

- Vermittelt der Kandidat ein eigenständiges Führungsverständnis? Oder argumentiert er eher in Klischees und gängigen Konzepten (offene Tür, fordern und fördern, situative Führung, kooperative Führung, ...)?
- Auf welchen Grundsätzen/Werten basiert seine Führungstätigkeit?
- Nennt der Kandidat konkrete und aktuelle Beispiele (Verhalten) für seine Führungsleistung?
- Was bereitet dem Kandidaten an der Führungsaufgabe Freude?

- Kennt der Kandidat seine Stärken und Schwächen als Führungskraft?
- Ist in der Führungsrolle eine Entwicklung erkennbar?
- Wie passt die Art der Führung des Kandidaten zum Führungsverständnis Ihres Unternehmens?

Anschlussfragen

- Was motiviert Sie zu führen?
- Von welchen Werten lassen Sie sich bei Ihrer Führungstätigkeit leiten?
- Welche Führungsaufgaben liegen Ihnen am meisten?
- Welche Führungssituationen empfinden Sie schon mal als herausfordernd?
- Was würden sich Ihre Mitarbeiter vielleicht mehr von Ihnen wünschen? Was weniger?
- In welchen Bereichen haben Sie als Führungskraft in letzter Zeit dazugelernt?
- Welche Führungsfähigkeiten würden Sie gern ausbauen? Was haben Sie dafür schon unternommen bzw. geplant?

6. Motivation

„Wenn Sie Ihren idealen Arbeitstag gestalten könnten, einen Arbeitstag, nach dem Sie sehr zufrieden nach Hause gehen – wie sähe der aus?"

Vorlieben des Kandidaten?

Durch diese offene Frage erfahren Sie viel über die Vorlieben und Motivation des Kandidaten: In welchen Situationen erbringt er gerne Leistung? Was lässt ihn zufrieden sein? Sie versetzen den Kandidaten zudem in eine positive Stimmung, was der Gesprächsatmosphäre und der Einstellung des Kandidaten zu Ihrem Unternehmen zuträglich ist.

Auf diese Punkte können Sie achten:

- Wie leicht tut sich der Kandidat, relevante Situationen zu schildern? Wie gut kennt er seine Präferenzen?
- Umfasst die Schilderung des Kandidaten eine eher große oder kleine Bandbreite von Tätigkeiten?
- Was motiviert den Kandidaten – beispielsweise Engagement, Herausforderung, Risiko, Flow, Genauigkeit, Disziplin, Erfolg, Wettbewerb, Entscheidungen, Status, Sicherheit, Autonomie, Zusammenarbeit, Helfen, Abwechslung, Ideen, Lernen, ...?
- Wie gut passen die Aussagen des Kandidaten zur Aufgabe und zur Rolle?
- Wie kommt die Begeisterung des Kandidaten zum Ausdruck?

Anschlussfragen

- Was genau bereitet Ihnen an dieser Aufgabe Freude?
- Können Sie uns ein aktuelles Beispiel dafür schildern?
- Von welcher Art Aufgaben sollten nicht zu viele auf Ihrem Schreibtisch liegen?
- Wenn Sie Ihre optimale Arbeitsumgebung mit drei Worten zusammenfassen würden, welche wären das?

7. Wrap-up

„Was spricht aus Ihrer Sicht für die Aufgabe?"

Was ist für den Kandidaten an der neuen Stelle attraktiv?

Gegen Ende des Interviews ist es hilfreich, wenn der Kandidat die für ihn wichtigsten Punkte zusammenfasst. Auf diese Weise erfahren Sie einerseits, wie der Kandidat die Aufgabe verstanden hat und inwiefern das mit Ihren Vorstellungen übereinstimmt. Sie erfahren auch, welche Aspekte der Position dem Kandidaten ggf. nicht so gut gefallen und können darauf eingehen. Dass der Kandidat die Vorteile der Rolle aktiv zusammenfasst, zahlt zudem auf das Marketing ein.

Auf diese Punkte können Sie achten:

- Nennt der Kandidat zügig relevante Punkte, die für ihn attraktiv sind?
- Inwiefern stimmen diese Punkte mit Ihrem Verständnis der Position überein? Aus welchen Bereichen kommen die Pluspunkte, z.B. Aufgabe, Unternehmenskultur, Rahmenbedingungen, ...?
- Nennt der Kandidat auch (kleinere) kritische Punkte? Werden Sie hellhörig, wenn die Position aus Sicht des Kandidaten „perfekt" ist.
- Schildert der Kandidat seine Punkte gut nachvollziehbar und überzeugend?

Anschlussfragen

- Welches ist für Sie der wichtigste Pluspunkt der Aufgabe?
- Meistens gibt es ja doch irgendein Haar in der Suppe, welches wäre das für Sie bei dieser Position?
- Woran würden Sie gegen Ende der Probezeit merken, dass Sie die richtige Entscheidung getroffen haben?
- Welche Fragen können wir Ihnen noch beantworten?

Kommunikationsklippen

Lassen Sie den Kandidaten sprechen

In Auswahlgesprächen haben Interviewer oft einen zu großen Redeanteil – sie stellen das eigene Unternehmen zu ausführlich vor, sprechen lange über die eigene Person und Erfahrungen oder tauschen sich mit Kandidaten über im Kontext des Interviews eher nebensächliche Themen wie gemeinsame Interessen aus. Die nachfolgende Entscheidung beruht dann zu großen Teilen auf einem Bauchgefühl. Um eine aussagekräftige Entscheidung treffen zu können, sollte der Kandidat etwa 70 Prozent der Interviewzeit sprechen. Nach einer kurzen Vorstellung der anwesenden Personen, des Gesprächsanlasses und -ablaufs sollten Sie deshalb zügig dazu übergehen, dem Kandidaten Fragen zu stellen. Raum für Details zur Position und Fragen des Kandidaten ist im letzten Drittel des Interviews.

Zwei Gruppen von Kandidaten kommen häufiger in Interviews vor – die Viel- und Wenigsprecher. Letztere lassen sich durch freundliches und geschicktes Nachfragen meist recht gut zu ausführlicheren Antworten animieren – aus deren Sicht ist das Wesentliche oft schon mit wenigen Worten gesagt. Bei Vielsprechern kann es eine Herausforderung sein, dass sie ausschweifen und die Informationsdichte nicht sehr hoch ist. Fällt Ihnen dieses Verhalten auf, ist es empfehlenswert, schnell zu intervenieren. Mit Formulierungen wie „Entschuldigen Sie, dass ich Sie unterbreche, meine Frage war ..." oder „Ich denke, diesen Punkt brauchen wir nicht so ausführlich zu behandeln," gelingt das in den meisten Fällen gut. Ändert sich das Verhalten daraufhin nicht, ist die Wahrscheinlichkeit hoch, dass der Kandidat auch im Alltag ähnlich viele Worte findet.

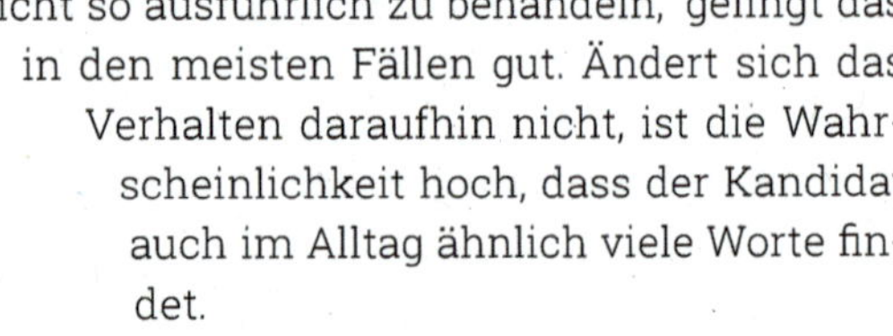

Aus psychologischer Sicht gehören Interviews zu den anspruchsvolleren Gesprächsarten. Auf den ersten Blick erscheinen andere Anlässe wie Kritikgespräche vielleicht herausfordernder. Doch Interviews sind von einem Zielkonflikt geprägt: Personalverantwortliche stehen unter Druck, weil sie, oft in einem engen Markt, eine Stelle besetzen müssen und vielleicht auch schon das zigste Interview geführt haben. In diesem Spannungsfeld sollen die Qualifikationen des Kandidaten eingehend und kritisch überprüft werden, gleichzeitig darf die Prüfungssituation die Gesprächsatmosphäre nicht beeinträchtigen, ganz im Gegenteil – das Interview ist ja auch eine Werbeveranstaltung. Es gilt also, widersprüchliche Rollen unter einen Hut zu bringen. Am besten gelingt das mit einer freundlich-interessierten Grundhaltung, professionellen Fragen und der Trennung von Interview und Bewertung.

3.2 Fokus Einarbeitung

Onboarding-Gespräch

Aufbau der Beziehungsebene und Orientierung

Der Onboarding-Prozess ist wie ein Tour-Guide, der die ersten Schritte an einem noch unbekannten Ort begleitet, dessen Sprache und Gepflogenheiten man noch nicht so gut kennt. Als erster Austausch, den Mitarbeiter und Führungskraft in der neuen Konstellation führen, dient das Onboarding-Gespräch vor allem dem Aufbau der Beziehungsebene und legt die Vertrauensbasis für die zukünftige Zusammenarbeit. Darüber hinaus vermittelt es Orientierung, was den Mitarbeiter mit seiner neuen Aufgabe und Führungskraft im neuen Unternehmen erwartet.

Das Onboarding-Gespräch sollte zügig nach dem Arbeitsbeginn des neuen Mitarbeiters stattfinden, am besten direkt am selben Tag. Sollte ein Termin nicht innerhalb der ersten ein bis drei Tage möglich sein, können Sie das Onboarding-Gespräch schon vor dem ersten Arbeitstag führen. Denn das Onboarding-Gespräch profitiert von seinem Zeitpunkt: befreit von der Anspannung der Auswahlsituation und noch ohne den Druck des Tagesgeschäfts. Um alle Themen zu besprechen und sich in Ruhe kennenzulernen, ist als Zeitrahmen eine gute Stunde passend, vielleicht ergänzt um einen informellen Teil, wie z.B. ein gemeinsames Mittagessen.

Download: Checkliste Onboarding-Gespräch

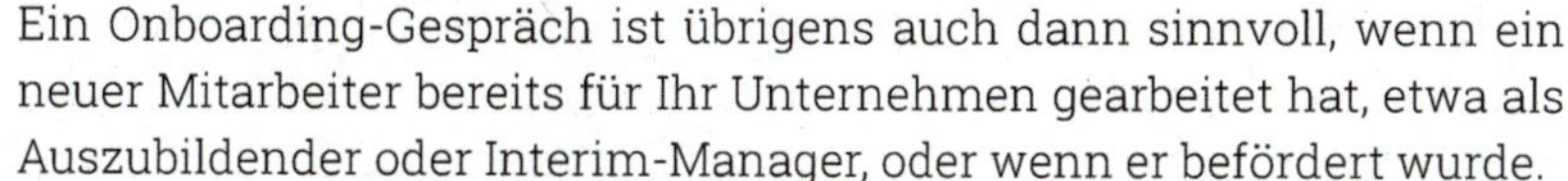

Ein Onboarding-Gespräch ist übrigens auch dann sinnvoll, wenn ein neuer Mitarbeiter bereits für Ihr Unternehmen gearbeitet hat, etwa als Auszubildender oder Interim-Manager, oder wenn er befördert wurde.

Fragen zur Gesprächsvorbereitung

- Worauf freuen Sie sich in der Zusammenarbeit?
- Welche für den Mitarbeiter relevanten Ereignisse sind seit dem letzten Kontakt passiert?

- Welche Informationen wollen Sie Ihrem neuen Mitarbeiter mitteilen (z.B. aktuelle Projekte und Entwicklungen, Regelkommunikation, Verantwortungsrahmen, Unternehmenswerte, ...)?
- Welche Erwartungen haben Sie an den neuen Mitarbeiter?
- Welche Aufgaben kann der Mitarbeiter schon übernehmen?
- Wie ist die Einarbeitung organisiert (z.B. technische Infrastruktur, formales Onboarding-Programm, Mentor, Kennenlernen des Teams und wichtiger Ansprechpartner, ...)?
- Wann wollen Sie detaillierter über Aufgaben und Ziele sprechen?
- Wann ist das erste Probezeitgespräch (siehe S. 71 ff.) geplant?

Gesprächsverlauf

Die Bestandteile des Onboarding-Gesprächs (siehe oben) sind in der Reihenfolge flexibel. Wenn schon eine gewisse Vertrautheit besteht, bietet es sich an, mit ein wenig Small Talk und Persönlichem zu starten. Bei einem eher distanzierten Verhältnis ist es geschickter, zunächst Sachthemen in den Fokus zu stellen.

Kernaussagen

Download: Kernaussagen und Navigationsfragen

- Ich freue mich, dass Sie an Bord sind. Herzlich willkommen!
- Ein Ziel dieses Gesprächs ist, dass wir uns besser kennenlernen. Darüber hinaus möchte ich Ihnen für die ersten Tage weitere Informationen zur Aufgabe und zur Einarbeitung geben. Und natürlich haben wir Zeit für Ihre Fragen und Ideen.
- Ich will Ihnen auch etwas über die Gründe sagen, weshalb wir uns für Sie entschieden haben.
- In der ersten Zeit ist es mir besonders wichtig, dass Sie gut im Unternehmen Fuß fassen und Ihre Ansprechpartner und Ihr Team kennenlernen. Inhaltlich könnten Sie sich neben der Einarbeitung in Ihre Themen schon einmal um Thema A kümmern.
- Hier habe ich die Ansprechpartner markiert, die Sie in den nächsten Tagen als Erstes kennenlernen. Dazu gebe ich Ihnen auch gleich noch einige Hintergrundinformationen.
- Mittelfristig liegt mein Fokus auf den Themen B und C – da geht es um ... Im Detail würde ich darüber mit Ihnen gern gegen Ende der Woche sprechen.
- Ich freue mich auf unsere Zusammenarbeit und wünsche Ihnen und uns gemeinsam viel Erfolg.

Navigationsfragen

- Was gibt es seit unserem letzten Gespräch Neues bei Ihnen? Was hat sich in der Zwischenzeit getan?
- Wie war der Abschluss Ihrer vorherigen Position?
- Mit welchen Gedanken und Erwartungen gehen Sie an den Start?
- Worauf freuen Sie sich bei der neuen Aufgabe am meisten?
- Wie haben Sie den ersten Tag/die ersten Tage bei uns bisher erlebt?
- Sind die administrativen und organisatorischen Angelegenheiten geregelt?
- Wie ist Ihr erster Eindruck vom Team?
- Welche Fragen haben Sie?

Einwandbehandlung

Im Normalfall freut sich ein neuer Mitarbeiter auf die Aufgabe, für die er sich entschieden hat. Fallen Ihnen im Onborarding-Gespräch vermehrt kritische Anmerkungen und Fragen auf, sollten Sie hellhörig werden und nachhaken, beispielsweise: „Ich erlebe Sie heute eher kritisch, anders als in unseren bisherigen Gesprächen. Wie kommt das?"

Kommunikationsklippen

Das Onboarding-Gespräch ist eine eher „leichte" Gesprächssituation. Nur falls seit dem Interview größere Veränderungen der Aufgabe oder der Rahmenbedingungen eingetreten sind, beispielsweise personelle Veränderungen oder Umstrukturierungen, sollten diese baldmöglichst kommuniziert werden, nach Möglichkeit schon vor dem ersten Arbeitstag.

Probezeitgespräch

Während der Probezeit lohnt es sich, regelmäßig zu überprüfen, wie gut sich der neue Mitarbeiter ins neue Umfeld integriert und ihn dabei zu unterstützen. In den ersten Wochen kommt es dabei stärker auf den Aufbau von Beziehungen an, mit zunehmender Dauer der Beschäftigung rückt die Leistung in den Vordergrund.

Wie gut integriert sich der neue Mitarbeiter?

Sind Sie mit der Entwicklung des Mitarbeiters zufrieden, sollte das erste Probezeitgespräch nach vier bis sechs Wochen stattfinden; je ein weiteres dann in der Mitte und gegen Ende der Probezeit. Nur in dem

Fall, dass Ihnen Schwierigkeiten auffallen, sind frühere und häufigere Gespräche sinnvoll. Ein geplanter Zeitrahmen von einer Stunde ist gut geeignet.

Fragen zur Gesprächsvorbereitung

- Was würden Sie einem unbeteiligten Dritten, etwa einem Bekannten oder Ihrem Coach, über Ihren neuen Mitarbeiter berichten?
- In welchen Punkten erfüllt der Mitarbeiter Ihre Erwartungen?
- In welchen Punkten übertrifft er Ihre Erwartungen vielleicht sogar?
- In welchen Punkten hat er Ihre Erwartungen ggf. noch nicht erfüllt?
- Welche Rückmeldung zum neuen Mitarbeiter haben Sie schon bekommen?
- Wie zufrieden sind Sie mit Ihrer Beziehung zum neuen Mitarbeiter (Vertrauen, Offenheit, Kommunikation, ...)?
- Auf einer Skala von 1 bis 10, wie gut hat sich der Mitarbeiter schon im Bereich/im Unternehmen integriert?
- Auf einer Skala von 1 bis 10, wie zufrieden sind Sie mit seiner Leistung? Woran machen Sie das fest?
- Wie kann der Mitarbeiter seine Leistung ggf. verbessern? Wie könnten Sie ihn dabei unterstützen?
- Auch wenn Sie mit der Leistung des Mitarbeiters rundum zufrieden sind, sehen Sie noch Ansatzpunkte, wie er sich verbessern oder weiterentwickeln kann?
- Wie würde Ihr Mitarbeiter diese Fragen wohl beantworten?
- Würden Sie den Mitarbeiter zum jetzigen Zeitpunkt übernehmen?

Gesprächsverlauf

Selbsteinschätzung

Entwickelt sich der Mitarbeiter positiv, starten Sie das Gespräch mit seiner Selbsteinschätzung, die Sie mit Ihren Beobachtungen ergänzen und durch Fragen konkretisieren und vertiefen können. Wenn Ihnen wichtige Punkte negativ aufgefallen sind, beginnen Sie das Gespräch damit. Kommen Sie in diesem Fall wie beim kritischen Feedback zügig auf das erwartete Verhalten und den Weg dorthin zu sprechen.

Navigationsfragen

- Wie ist Ihr Eindruck nach den ersten vier bis sechs Wochen?
- Wie wohl fühlen Sie sich bei uns? Was trägt dazu bei?

- Wo haben sich Ihre Erwartungen erfüllt, wo gibt es ggf. Diskrepanzen?
- Wie erleben Sie die Zusammenarbeit mit mir/Ihrem Team/Ihren Kollegen/dem Senior Management?
- Was fällt Ihnen an der Art der Zusammenarbeit bei uns auf?
- Auf einer Skala von 1 bis 10, als wie erfolgreich schätzen Sie sich bisher in der neuen Rolle ein?
- Was läuft gut und wo läuft es ggf. noch nicht so rund? Wie könnten die Dinge ggf. besser laufen?
- Wenn Sie eine Sache ändern könnten, welche wäre das?
- Welche Aufgaben liegen Ihnen besonders?
- Welche Fragen haben Sie?

Download: Kernaussagen und Navigationsfragen

Kernaussagen

- Ich freue mich, wie sich Ihre ersten Monate bei uns entwickelt haben.
- Ich freue mich, dass es Ihnen so gut bei uns gefällt. Mir macht die Zusammenarbeit mit Ihnen auch viel Freude; ich erlebe sie als kooperativ und produktiv.
- Auch von den Kollegen bekomme ich positives Feedback zu Ihrer Person und Ihrer Arbeit. Die Kollegen mögen es besonders, dass Sie so offen auf sie zugehen, und schätzen Ihr Know-how.
- Sie könnten vielleicht noch etwas aktiver auf die Kollegen zugehen und ruhig mehr Fragen stellen.
- Mir ist aufgefallen, dass Sie lange sehr freundlich bleiben. Hier und da wäre ein klares Wort zu einem früheren Zeitpunkt vielleicht hilfreich; das ist bei uns durchaus üblich.
- Ich habe den Eindruck gewonnen, dass Sie noch nicht so richtig angekommen sind. Insbesondere fällt mir auf, dass Sie kaum Kontakt mit den Kollegen suchen. Was ist denn los?
- Ich mache mir ernsthafte Gedanken, ob diese Aufgabe die passende für Sie ist. Wir sprechen fast jeden Tag über Inhalte, die Ihnen eigentlich bekannt sein sollten. Ich hätte erwartet, dass Sie inzwischen selbstständiger arbeiten.
- Lassen Sie uns für die kommenden vier Wochen einen Entwicklungsplan aufstellen, um an diesen Punkten zu arbeiten. In diesem Zeitraum erwarte ich eine deutliche Verbesserung Ihrer Leistung und Arbeitsweise. Besonders wichtig sind mir A und B.
- Wenn sich Ihre Leistung nicht verbessert, sehe ich keine Möglichkeit, Sie zu übernehmen. Dann wäre es aus meiner Sicht besser, wenn wir das Arbeitsverhältnis beenden.

- Aufgrund Ihrer sehr guten Leistungen würden wir die Probezeit gern vorzeitig beenden, wenn das auch in Ihrem Sinn ist.
- Nun noch einmal endgültig: Herzlich willkommen im Team!

Einwandbehandlung

Es sind wirklich eine Menge neuer Themen – es dauert eben, sich da einzuarbeiten.

- Ja, ich hatte erwartet, dass Sie sich schneller in die neuen Themen einfinden; mit Ihrer Arbeitsqualität bin ich noch nicht zufrieden. Beispiele dafür sind A, B und C. Bitte machen Sie sich Gedanken darüber, wie Sie sich die neuen Inhalte schneller und fundiert aneignen können. Wir treffen uns morgen noch einmal, um für die nächsten zwei Wochen geeignete Maßnahmen abzustimmen.

Das sind nicht die Aufgaben, die ich erwartet habe – es ist schon sehr viel Operatives dabei.

- Jetzt bin ich überrascht. Welche Informationen zu Ihren Aufgaben haben Sie aus unseren Gesprächen mitgenommen?

Ich finde die Kollegen schon etwas distanziert, das macht es nicht gerade leichter für mich.

- Woran machen Sie das fest und welche Auswirkungen hat das konkret?
- Was können Sie tun, um die Kollegen besser kennenzulernen und sich stärker einzubringen?

Dieses ständige Mittagessen-Gehen ist einfach nicht mein Ding.

- Ja, das verstehe ich. Auf der anderen Seite habe ich auch den Eindruck gewonnen, dass Sie nach jetzt drei Monaten noch wenig Kontakt mit den Kollegen haben. Was können Sie tun, um das zu ändern?

Kommunikationsklippen

Die größte Herausforderung bei Probezeitgesprächen besteht darin, dass sie stattfinden. Es lohnt sich allerdings, die Zeit zu investieren, um über das Tagesgeschäft hinaus fundiert ins Gespräch zu kommen.

Probezeitgespräche in einem positiven Tenor werden oft zu undifferenziert geführt. Ein „Alles prima" ist gut gemeint, doch gerade gute Mitarbeiter erwarten ein professionelles Feedback zu ihren Erfolgen und Stärken und suchen nach Anhaltspunkten, um sich weiterzuentwickeln.

Wenn es im späteren Verlauf eines Anstellungsverhältnisses zu Leistungsabfall oder Verhaltensauffälligkeiten kommt, berichten Personalverantwortliche oft, dass sich diese Kritikpunkte bereits während der Probezeit gezeigt hätten. Man habe aber darauf vertraut, dass sie sich mit der Zeit geben würden. Gerade weil sich Mitarbeiter während der Probezeit normalerweise besonders viel Mühe geben, ist es in einem solchen Fall ratsam, die Kritikpunkte zügig zu thematisieren und auch zu dokumentieren. Ändert sich nichts, ist es oft besser, von der Probezeit Gebrauch zu machen und sich von einem Mitarbeiter zu trennen.

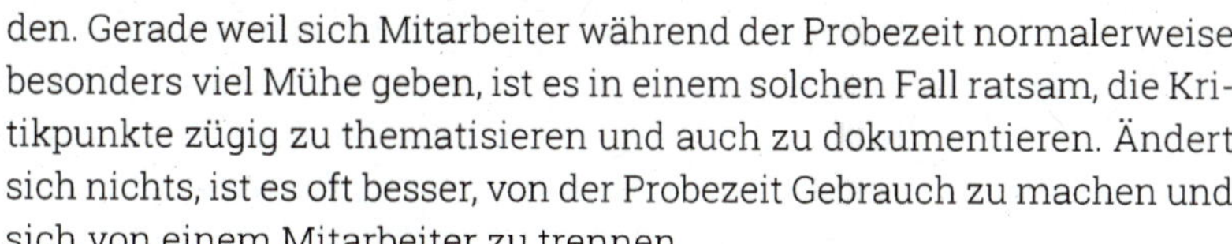

Abb.: Halten Sie die Leistungen nach. Verhaltensauffälligkeiten zeigen sich meist schon während der Probezeit

3.3 Fokus Personalentwicklung

Persönliche Entwicklung

Talent Management

Der technologische Fortschritt wird immer schneller und damit einhergehend verändern sich Berufsbilder rasant. Hoch im Kurs stehen gerade Hitlisten mit Titeln wie „Zehn Jobs, die es bald nicht mehr gibt" und auch seriöse Studien sagen einen grundlegenden Umbruch der Berufswelt voraus – etablierte Berufe verschwinden, neue kommen hinzu. Deshalb ist eine Fähigkeit heute sehr gefragt: Talent-Management. Durch das aktive Steuern und Entwickeln von Kompetenzen und Fähigkeiten sorgen Unternehmen für die passend qualifizierten Mitarbeiter von morgen; Mitarbeiter sichern dadurch ihre Employability. Das Entwicklungsgespräch ist ein wichtiger Baustein in diesem Prozess, mit dem Sie Ihre Mitarbeiter und das Unternehmen dabei unterstützen, Talente und Fähigkeiten zu erkennen und auszubauen.

Wir unterscheiden zwischen Talenten einerseits und Fähigkeiten andererseits. Talente, oder Begabungen, wie Sprachgefühl, mathematisches

Verständnis, Organisationsgeschick, strategisches Denken oder die Gabe, Menschen für eine Sache zu begeistern, sind früh in einer Person angelegt; von Grund auf erlernen lassen sich diese Talente später kaum noch. Talente können Sie als Führungskraft erkennen und insbesondere durch passende Aufgaben und Coaching ausbauen. Fähigkeiten lassen sich hingegen gezielt vermitteln. Fähigkeiten können für sich stehen, wie etwa die Anwendung eines Software-Programms. Sie können Talente auch gezielt ergänzen: Ein Mitarbeiter mit einem strategischem Blick wird beispielsweise besonders von einem Seminar zur Szenario-Technik profitieren.

Fördern Sie individuelle Stärken

Entgegen der noch teilweise verbreiteten Überzeugung, man solle vor allem an seinen Schwächen arbeiten, liegt der Schlüssel zu persönlicher Höchstleistung im Einsatz und Ausbau individueller Stärken. Betrachtet man einen Mitarbeiter durch die „Stärken-Brille", lassen sich selbst gemeinhin als Behinderung eingestufte Eigenschaften erfolgreich nutzen. Das Unternehmen Specialisterne (Dänisch für Spezialisten) belegt dies eindrucksvoll, indem es Autisten mit hoch spezialisierten Aufgaben betraut, die über einen langen Zeitraum eine hohe Präzision und Konzentration erfordern, etwa in der Software-Entwicklung. Und nichts trägt mehr zur Zufriedenheit eines Mitarbeiters bei als eine Aufgabe, die seinen Stärken entspricht und ihn angemessen herausfordert.

Im Unternehmensalltag wird selten eine 100-prozentige Passung von Stärken und Aufgaben zu erreichen sein. Entwicklungsgespräche sind jedoch das geeignete Instrument, um sich dem Idealzustand im Dialog mit dem Mitarbeiter anzunähern und gemeinsam zu überlegen, inwieweit vorhandene Talente auch bei neuartigen Aufgaben zum Einsatz kommen können und welche neuen Fähigkeiten der Mitarbeiter erlernen könnte.

Ein formelles Entwicklungsgespräch findet in der Regel einmal jährlich statt. Ein Zeitrahmen von 30 bis 60 Minuten ist meist ausreichend. Wenn Sie zum ersten Mal ein Entwicklungsgespräch mit einem Mitarbeiter führen, kann die Erarbeitung der Grundlagen mehr Zeit in Anspruch nehmen. Auch unterjährig ist es sinnvoll, das Thema Entwicklung im Fokus zu behalten, beispielsweise im Rahmen von Feedback-Gesprächen oder Projekt-Reviews.

Fragen zur Gesprächsvorbereitung

- Welche Talente zeichnen den Mitarbeiter aus? Wie lassen sich diese weiter fördern?

- In welchen Stärken hat sich der Mitarbeiter im Beobachtungszeitraum spürbar weiterentwickelt? Wodurch?
- Gibt es Talente, die im Alltag vielleicht etwas zu stark ausgeprägt sind?
- Verfügt der Mitarbeiter über Stärken, die aktuell nicht abgefordert werden? Wie ließe sich das ändern?
- Welche Veränderungen kommen von außen auf das Berufsbild des Mitarbeiters zu, z.B. durch Digitalisierung oder Restrukturierungen wie Nearshoring?
- Welche Fähigkeiten kann der Mitarbeiter auf- bzw. ausbauen, damit er auf diese Änderungen gut vorbereitet ist?
- Welche Stärken kann der Mitarbeiter auch bei neuartigen Aufgaben gut nutzen?
- Welche Maßnahmen eignen sich, um den Mitarbeiter in seiner fachlich-persönlichen Entwicklung voranzubringen: beispielsweise neue, herausfordernde Aufgaben und Projekte, Training, Coaching, Mentoring?

Download: Siehe auch den „Katalog der persönlichen Eigenschaften" in den digitalen Ressourcen

Gesprächsverlauf

Das Entwicklungsgespräch beginnt mit der Einschätzung der eigenen Stärken durch den Mitarbeiter, ergänzt um die Sicht der Führungskraft. Darauf aufbauend bringen Mitarbeiter und Führungskraft (in dieser Reihenfolge) Vorschläge zu Entwicklungsfeldern ein, gefolgt von Ideen zur konkreten Umsetzung wie weiterführenden Aufgaben und Weiterbildungen, ggf. auch bei einem zweiten Termin. Den Abschluss bildet eine verbindliche Vereinbarung der geplanten Entwicklungsmaßnahmen.

Kernaussage

Ich würde gerne gemeinsam mit Ihnen überlegen, welche Aufgaben Sie in Ihrer Entwicklung in nächster Zeit voranbringen können und an welchen Weiterbildungen Sie in diesem Zeitraum teilnehmen wollen. Lassen Sie uns dazu mit einem Überblick über Ihre Stärken starten.

Navigationsfragen

- Was waren Ihre drei größten Erfolge im letzten Jahr? Welche Ihrer Talente und Fähigkeiten haben maßgeblich zu diesen Erfolgen beigetragen?
- Wo sehen Sie selbst Ihre größten Stärken?
- Welche Aufgaben gehen Ihnen leicht von der Hand?
- Was macht Sie in Ihrem Aufgabenbereich zu einem Profi?

Download: Kernaussagen und Navigationsfragen

- Wo sehen Sie in Ihrem Bereich Veränderungen auf sich zukommen, zum Beispiel durch neue Technologien oder rechtliche Änderungen? Was könnte das für Sie bedeuten?
- Wobei werden Sie öfter um Rat gefragt?
- Welche neue Aufgabe würde Sie reizen? Aus welchen Gründen?
- In welchen Bereichen könnten Sie eine Stärke oder Fähigkeit noch weiter ausbauen und vervollkommnen?
- Gibt es Fähigkeiten, die Sie gern verstärkt nutzen wollen?
- Welche Ihrer Eigenschaften stehen Ihnen manchmal im Weg?
- In welchen Bereichen sehen Sie für sich Entwicklungsbedarf und -möglichkeiten?
- Welche Weiterbildung benötigen Sie? Worin liegt der Mehrwert für Sie?
- Wie können Sie/wir dazu beitragen, dass Sie auch morgen über diejenigen Fähigkeiten verfügen, die gebraucht werden?

Einwandbehandlung

Ich mache halt meinen Job, und ich denke, auch ziemlich gut. Aber welche Stärken ich habe, das kann ich Ihnen auch nicht sagen.

- Ja, das kann zunächst etwas ungewohnt sein, seine eigenen Stärken so in den Vordergrund zu stellen. Ich würde Sie gerade deshalb bitten, sich bis zu unserem nächsten Gespräch darüber ein paar Gedanken zu machen. Lassen Sie uns doch anhand der STAR-Methode (siehe Kommunikationsklippen) ein erstes Beispiel gemeinsam erarbeiten.

Ich finde schon, dass hier eine meiner Stärken liegt.

- Woran machen Sie das fest? Können Sie mir dazu zwei-drei Beispiele geben?

Ich kenne mich da nicht so aus. Können Sie mir denn nicht ein gutes Seminar empfehlen?

- Ich kann Ihnen gern einige Anbieter nennen, mit denen wir zusammenarbeiten. Und ich würde Sie schon bitten, selbst eine Vorauswahl zu den besprochenen Themen zu treffen.

Ich weiß nicht, ob das wirklich nötig ist. Warten wir doch lieber, bis das Seminar wieder hier in der Gegend stattfindet, so eilig ist es doch nicht.

- Mir ist wichtig, dass Sie bei diesem Thema auf dem neuesten Stand sind, und in absehbarer Zeit wird das Seminar nicht im näheren Umkreis angeboten. Bitte denken Sie noch mal darüber nach. Es ist mir wichtig und ja auch Teil unserer Zielvereinbarung.

Ein MBA sollte es schon sein – alles andere bringt doch nichts.

- Welche Inhalte aus dem MBA-Programm sind Ihnen denn besonders wichtig? Vielleicht können Sie ja erst einmal damit anfangen.
- Die Kosten dafür liegen deutlich über unserem Weiterbildungsbudget. Wie wäre es, wenn Sie sich an den Kosten beteiligen oder wenn wir eine Rückzahlungsklausel für den Fall vereinbaren, dass Sie das Unternehmen innerhalb der nächsten zwei Jahre verlassen sollten?

Das hat ja alles keinen Sinn mehr – mein Job wird morgen doch sowieso von Algorithmen gemacht.

- Die Wahrscheinlichkeit ist in der Tat hoch, dass wir in Ihrem Bereich weiter digitalisieren. Lassen Sie uns gerade deshalb überlegen, über welche Stärken Sie verfügen und welche Fähigkeiten Sie sich jetzt aneignen können.

Kommunikationsklippen

Download: Illustration STAR und Beispiel

Immer wieder kommt es vor, dass ein Mitarbeiter noch nicht im Detail über seine Stärken nachgedacht hat. Hilfreich bei der Identifizierung der eigenen Stärken ist die sogenannte STAR-Methode, mit der Sie Erfahrungen wie folgt strukturieren und analysieren können:

- *Situation:* Wie war die Ausgangssituation?
- *Task:* Welche Aufgabe resultierte daraus für Sie?
- *Action:* Was haben Sie konkret getan?
- *Result:* Mit welchem Ergebnis?

Hat der Mitarbeiter eine Reihe von Situationen nach diesem Schema aufgeschlüsselt, lassen sich aus den von ihm genannten Aktionen im nächsten Schritt die dahinter liegenden Stärken ableiten.

Abb.: Die STAR-Methode

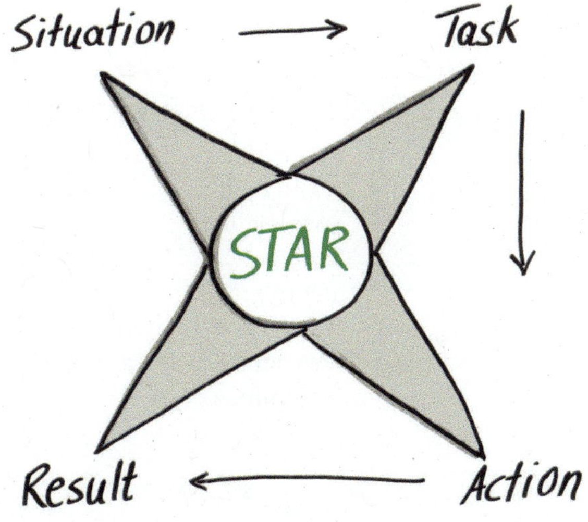

Beziehen Sie den Mitabeiter in die Weiterbildungsplanung mit ein

Manchmal meint es eine Führungskraft zu gut mit ihren Mitarbeitern und kommt schon mit einem ausgearbeiteten Entwicklungsplan ins Gespräch. Der bessere Weg ist es, den Mitarbeiter in seine Weiterbildungsplanung aktiv einzubeziehen und ihm ggf. erst im zweiten Schritt Unterstützung anzubieten, beispielsweise in Form von geeigneten Seminaranbietern. Das nimmt mehr Zeit in Anspruch, dafür steigt die Wahrscheinlichkeit, dass die Entwicklungsmaßnahmen zum Mitarbeiter passen und dass der Mitarbeiter persönlich dahintersteht.

Insbesondere sicherheitsbetonte Mitarbeiter können in beruflichen Umbruchsituationen verunsichert sein, wenn beispielsweise Tätigkeiten verlagert werden oder wegfallen. In solchen Fällen können Sie als Führungskraft aufzeigen, dass Berufsbilder schon immer einem Wandel unterlegen sind – denken Sie nur an traditionelle Berufe wie Fahrkartenverkäufer oder Datentypist und neue Berufe wie Blogger oder Social Media Manager. Darüber hinaus ist es die beste Arbeitsversicherung, seine Stärken zu kennen und seine Fähigkeiten auf dem aktuellen Stand zu halten. Dabei können Sie den Mitarbeiter unterstützen und ihm Mut machen.

Seminar-Transfer

Den positiven Effekt von Weiterbildungen können Sie noch steigern, indem Sie mit Ihren Mitarbeitern ein Transfer-Gespräch führen. So regen Sie den Mitarbeiter dazu an, die vermittelten Inhalte noch einmal zu reflektieren und sich Gedanken über deren Anwendbarkeit im Arbeitsalltag zu machen. Damit sichern Sie einen wirkungsvollen Praxistransfer. Darüber hinaus gewinnen Sie einen Eindruck von Inhalt und Qualität einer Veranstaltung.

Fragen zur Gesprächsvorbereitung

- Was war der Anlass für die Weiterbildung?
- Was haben Sie sich davon versprochen? Was der Mitarbeiter?
- Auf welchen Aspekt sind Sie am meisten gespannt?
- Wie kann der Mitarbeiter in der Praxis am meisten von den Inhalten profitieren?
- Wie kann der Mitarbeiter als Multiplikator fungieren?
- Was sind Ihre Erwartungen an den Return on Invest dieser Weiterbildung?

Gesprächsverlauf

Es ist empfehlenswert, das Gespräch in etwa entlang der folgenden Kernaussage und Navigationsfragen zu strukturieren.

Download: Kernaussage und Navigationsfragen

Kernaussage

Ich möchte heute über Ihr Seminar sprechen, das Sie am Montag besucht haben. Zwei Themen interessieren mich dabei besonders – was Sie für sich mitgenommen haben und wie Sie die Veranstaltung bewerten.

Navigationsfragen

- Auf einer Skala von 1 bis 10, wie gut hat Ihnen die Weiterbildung gefallen? Was war gut, was weniger gut?
- Welches sind die drei wesentlichen Punkte, die Sie aus dem Seminar mitnehmen?
- Haben Sie Inhalte vermisst oder hätten Sie bestimmte Themen gern ausführlicher behandelt?
- Wie können Sie im Alltag von den vermittelten Inhalten profitieren?
- Gibt es Aufgaben, die Sie nach dem Seminar anders angehen würden?
- Wer im Team könnte noch von den vermittelten Inhalten profitieren?
- Würden Sie im nächsten Team-Meeting von der Weiterbildung berichten?

Einwandbehandlung

Das kann ich Ihnen jetzt gar nicht so genau sagen, es war alles interessant.

- Dann lassen Sie uns die Themen doch einmal der Reihe nach anschauen. Womit ging es los?

Ich weiß nicht, so sicher fühle ich mich in der Thematik noch nicht, dass ich das an die Kollegen weitergeben kann.

- Mir ist schon wichtig, dass die Kollegen erfahren, worum es bei Ihrer Weiterbildung ging. Das ist sicher für alle interessant. Was halten Sie davon, wenn Sie das zunächst einmal auf einer Seite zusammenstellen und wir uns das dann gemeinsam anschauen?

Ich habe ja gleich gesagt, das bringt nichts. Das hätte ich mir sparen können.

- Auch wenn die Weiterbildung insgesamt nicht so gut war, gab es nicht doch etwas, wovon Sie profitiert haben – eine Auffrischung oder eine interessante Anregung?

Das war irgendwie auch nur ein Tropfen auf den heißen Stein. Um richtig davon zu profitieren, müsste ich die längere Weiterbildung besuchen.

- Lassen Sie uns doch erst einmal über die aktuelle Weiterbildung sprechen und was Sie daraus mitgenommen haben.

Nächste Schritte

Je nach Komplexität des Themas kann es sich lohnen, die Inhalte nach einiger Zeit mit Schwerpunkt auf der Umsetzung im Alltag nochmals zu thematisieren.

Laufbahnplanung

In diesem Abschnitt geht es um die Laufbahnplanung, mit der einem Mitarbeiter auf Basis seiner bisherigen Leistung, vor allem aber aufgrund seines Potenzials sukzessive mehr Verantwortung und Kompetenzen übertragen werden. Viele Unternehmen bieten Nachwuchskräften eine dreigeteilte Laufbahnplanung an:

In der Führungslaufbahn übt der Mitarbeiter Einflussnahme aus, er sollte also Zufriedenheit daraus ziehen, aktiv auf Entscheidungen, Prozesse, Ergebnisse und vor allem auf Menschen einzuwirken. Mit der Führungsrolle einher geht die langfristige disziplinarische Verantwortung, die insbesondere bei Einstellung, Beurteilung, Entwicklung und Entlassung von Mitarbeitern zum Tragen kommt.

Fach-, Projekt- oder Führungskarriere?

Auch in der Projektlaufbahn nehmen Mitarbeiter Einfluss – sie gewinnen Mitarbeiter für sich und, in noch stärkerem Maße, strukturieren Prozesse und treiben diese voran. Anders als bei der klassischen Führungslaufbahn ist diese Einflussnahme projektbezogen und damit zeitlich begrenzt. Diese Konstellation spricht vor allem Mitarbeiter an, die sich immer wieder durch neue Aufgaben motivieren. Zudem ist die Projektleitung meist von der disziplinarischen Führung entkoppelt – für eine ganze Reihe von Mitarbeitern ein Pluspunkt.

Fachlaufbahnen eignen sich für Mitarbeiter, die zu den Experten auf ihrem Gebiet gehören. Für sie stehen das Vorantreiben von Wissen, Erfahrung und Innovation im Vordergrund. Solche Experten reizt die fachliche Autorität auf ihrem jeweiligen Spezialgebiet mehr als die disziplinarische Autorität einer Führungskraft. Auch bei Experten spielen die sozialen Fähigkeiten eine große Rolle.

Gespräche zur Laufbahnplanung finden in der Regel anlassbezogen und eher zu Beginn einer Karriere statt; ein Zeitrahmen von einer Stunde reicht meist aus.

Fragen zur Gesprächsvorbereitung

- Welche Stärken bringt der Mitarbeiter für einen bestimmten Karriereweg mit (Führungs-/Projekt-/Fachlaufbahn)?
- Woran machen Sie das Potenzial des Mitarbeiters für einen nächsten Karriereschritt fest? Wie könnten Sie ggf. mehr Entscheidungssicherheit erlangen?
- Ist aktuell der passende Zeitpunkt für einen weiteren Karriereschritt?
- Welche Kompetenzen kann/sollte der Mitarbeiter noch weiter ausbauen?
- Welche konkreten Entwicklungsmaßnahmen können den Mitarbeiter auf dem Weg dorthin unterstützen?

Gesprächsverlauf

Bei diesem vorwärtsgewandten Gespräch ist es besonders empfehlenswert, den Mitarbeiter durch Navigationsfragen aktiv in die Gestaltung seiner Karriere einzubinden. Die Führungskraft unterstützt mit Informationen zu den Laufbahnen.

Kernaussagen

- Wir haben ja schon darüber gesprochen, dass ich mit Ihrer Leistung sehr zufrieden bin und auch, dass wir Ihre Entwicklung im Unternehmen fördern wollen. Heute möchte ich mit Ihnen über die passende Laufbahn für Sie sprechen, also Fach-, Projekt- oder Führungskarriere.
- Ich stelle Ihnen die drei Laufbahnen vor und welche Kompetenzen wir daran knüpfen: ...
- Auch aus meiner Sicht ist die Projektlaufbahn für Sie gut geeignet. Ich bin allerdings der Meinung, dass es für die entsprechenden Trainings und Aufgaben noch etwas früh ist.

Download: Kernaussagen und Navigationsfragen

Navigationsfragen

- Für welche der drei Laufbahnen würden Sie sich (am ehesten) entscheiden?
- Was reizt Sie an dieser Laufbahn?
- Was sind aus Ihrer Sicht Ihre Stärken für diese Rolle? Wo sehen Sie Entwicklungsbedarf oder -möglichkeiten?
- Von welchen Weiterbildungen würden Sie am meisten profitieren?
- Was wird sich für Sie wahrscheinlich im Alltag ändern, wenn Sie diese Laufbahn wählen?

Einwandbehandlung

Es ist ja nett, dass Sie mir eine Projektlaufbahn zutrauen, aber ich bin mit meinen Aufgaben zufrieden.

- Das freut mich. Allerdings sehe ich bei Ihnen ein starkes organisatorisches Talent, und Sie sind richtig gut darin, die Kollegen für Ihre Themen mit ins Boot zu holen. Das sind genau die Kompetenzen, die einen erfolgreichen Projektleiter ausmachen. Vielleicht probieren Sie die Projektleitung ja einmal in einem kleineren Projekt aus und finden sogar Gefallen daran. Was meinen Sie?

Ich denke schon, dass ich die erforderlichen Kompetenzen dafür mitbringe.

- Gut, dann lassen Sie uns konkrete Beispiele aus Ihrem Arbeitsalltag dafür finden.

Ich finde, zwei Jahre sind sehr lang. Das sollte schneller gehen.

- Ich würde Ihre Entwicklung gar nicht so sehr an der Zeitschiene, sondern eher am Ausbau der besprochenen Kompetenzen festmachen. Mein Gefühl war, dass dies etwa zwei Jahre brauchen wird. Und ich bin natürlich auch sehr einverstanden, wenn Sie diesen Punkt schneller erreichen.

Ich denke, eine Fachkarriere wäre genau das Richtige für mich. Ich weiß ja im Team inhaltlich am besten Bescheid und werde auch oft um Rat gefragt.

- Das sehe ich auch so. Zu einer Fachkarriere gehört allerdings mehr. Wenn Sie diesen Schritt gehen wollen, würde ich erwarten, dass Sie nicht nur gut Bescheid wissen, sondern Themen auch aktiv voranbringen oder darüber informieren, beispielsweise in einem Blog und in Team-Meetings.

Kommunikationsklippen

Die größte Kommunikationsklippe bei der Laufbahnplanung bilden zeitlich und/oder inhaltlich divergierende Vorstellungen von Führungskraft und Mitarbeiter. Wenn Sie mit den Anforderungskriterien der gewählten Laufbahn im Abgleich mit den Kompetenzen des Mitarbeiters argumentieren, lassen sich Mitarbeiter meistens gut überzeugen.

Rückkehrgespräch

Aus unterschiedlichen Gründen kann ein Mitarbeiter für eine längere Zeit abwesend sein – beispielsweise Elternzeit, Krankheit, Sabbatical oder Auslandseinsatz. Nach solchen Situationen ist die Wahrscheinlichkeit hoch, dass sich ein Mitarbeiter verändert hat. Sei es, dass er nach einer längeren Krankheit erst wieder zu seiner vollen Leistungsfähigkeit zurückfindet, oder dass er während einer Zeit im Ausland berufliche oder persönliche Erfahrungen gesammelt hat, die ihn mit anderen Augen auf seine bisherige Tätigkeit blicken lassen. Auch im Unternehmen haben sich die Dinge weiterentwickelt – beispielsweise durch neue Kollegen, Vorgesetzte oder Prozesse. Deshalb ist es empfehlenswert, kurz vor oder nach seiner Rückkehr ein persönliches Gespräch zu führen. Dabei geht es unabhängig vom Anlass zunächst darum, sich gegenseitig auf den neuesten Stand zu bringen und Erfahrungen ebenso wie Erwartungen und möglicherweise auch Befürchtungen auszutauschen. So legen Sie das bestmögliche Fundament für einen erfolgreichen Neustart.

Fragen zur Gesprächsvorbereitung

- Welche Gedanken gehen Ihnen in Bezug auf die Rückkehr des Mitarbeiters durch den Kopf? Worauf freuen Sie sich? Was macht Ihnen ggf. Sorgen? Mit wem können Sie sich dazu austauschen?
- Welche für den Mitarbeiter wichtigen Veränderungen gab es in der Zwischenzeit im Unternehmen?
- Wie hat sich ggf. der Arbeitsplatz des Mitarbeiters verändert?
- Welche Auswirkungen hat das auf den Mitarbeiter?
- Welche alternativen Einsatzmöglichkeiten gibt es?
- Haben sich ggf. die Fähigkeiten oder das Leistungsvermögen des Mitarbeiters verändert?
- Wie können Sie den Mitarbeiter beim Neustart unterstützen?
- Wie verändern sich ggf. die Arbeitszeiten des Mitarbeiters?
- Wie soll die Übergabe stattfinden?

- Gibt es ggf. einen formalen Wiedereingliederungsprozess, beispielsweise im Rahmen des Betrieblichen Gesundheitsmanagements (BGM)?
- Wo besteht ggf. Qualifizierungsbedarf?
- In welchen Punkten benötigt der Mitarbeiter ggf. Unterstützung?

Gesprächsverlauf

Der Gesprächsverlauf kann je nach Thema sehr unterschiedlich ausfallen – generell empfiehlt sich die Reihenfolge der Navigationsfragen als Richtschnur. Für den Fall, dass sich für den Mitarbeiter gravierende Änderungen ergeben, beispielsweise weil seine Aufgabe entfallen ist, beginnen Sie das Gespräch am besten damit.

Kernaussagen

Download: Kernaussagen und Navigationsfragen

- Schön, dass Sie wieder an Bord sind, ich freue mich auf die weitere Zusammenarbeit mit Ihnen.
- Gut, dass Sie wieder im Team sind. Ihre Ideen/Ihr Einsatz/Ihre Erfahrungen haben uns gefehlt.
- Mit diesem Gespräch möchte ich Sie über die aktuellen Entwicklungen informieren und Ihre aktuellen Sichtweisen und Vorstellungen kennenlernen.
- In der Zwischenzeit ist bei uns Folgendes passiert: ...
- In der Zwischenzeit haben Frau Müller und Herr Maurer Ihre Aufgaben teilweise übernommen – bitte setzen Sie sich mit ihnen wegen der Übergabe zusammen.

Navigationsfragen

- Mit welchen Gedanken und Erwartungen kommen Sie zurück?
- Was hat sich für Sie in der Zeit verändert, die Sie nicht hier waren?
- Was waren ggf. neue Erfahrungen?
- Welche neue Aufgabe wäre reizvoll für Sie?
- Welche Fragen haben Sie in Bezug auf Ihre Rückkehr?
- Wie können wir Sie unterstützen?

Kommunikationsklippen

Normalerweise eine eher „leichte" Gesprächsart, können Rückkehrgespräche herausfordernd werden, wenn ein Mitarbeiter seiner Führungskraft nicht willkommen ist, beispielsweise, weil sich das Verhältnis vor der Abwesenheit schwierig gestaltete. Gibt es zur Rückkehr keine Alternative, sprechen Sie die Beziehungsqualität offen an. Es kann darüber hinaus lohnend sein, gedanklich den „Reset-Knopf" zu drücken und sich die drei folgen Fragen zu stellen:

Sprechen Sie die Beziehungsqualität offen an

- Was macht der Mitarbeiter gut?
- Welche positiven Eigenschaften könnten andere Personen am Mitarbeiter schätzen?
- Was können Sie als Führungskraft zu einem verbesserten Arbeitsverhältnis beitragen?

3.4 Fokus Leistung

Zielvereinbarung

Professionelle Zielvereinbarungsgespräche stiften einen großen Nutzen. Im Kern geht es dabei um die Frage:

„Was wollen wir bis zu einem bestimmten Zeitpunkt miteinander erreichen?"

Abb.: Vereinbart wird eine Mischung aus quantitativen und qualitativen Zielen

In der Praxis sind Zielvereinbarungen meist eine Mischung aus quantitativen und qualitativen Zielen. Während quantitative Ziele wie Umsatz oder Wirtschaftlichkeit oft „von oben" vorgegeben sind, bieten qualita-

Ziele sollen Orientierung vermitteln

tive Ziele wie Innovation und persönliche Entwicklung Führungskraft und Mitarbeitern meist einen deutlich größeren Gestaltungsspielraum. Als Ergebnis stehen wenige und bedeutende Ziele, die Orientierung im Alltag vermitteln. Im Rahmen von Zielvereinbarungsgesprächen ist es hilfreich, gemeinsam mit den Mitarbeitern auch die Umsetzung von Zielen zu thematisieren. Um technische und kommerzielle Entwicklungen adäquat einzubinden, finden Zielvereinbarungen immer häufiger auch unterjährig statt.

Fragen zur Gesprächsvorbereitung

- Wohin will das Unternehmen?
- Welche (quantitativen) Ziele sind vorgegeben?
- Welche Ziele sind für einzelne Mitarbeiter gesetzt?
- Wo haben Sie und Ihre Mitarbeiter Gestaltungsspielraum beim Festlegen von Zielen?
- Wie und anhand welcher Leistungskriterien lassen sich diese Ziele operationalisieren?
- Wie kann der Mitarbeiter seine Stärken bei der Zielerreichung zum Einsatz bringen bzw. ausbauen?
- Bis wann sollten die Ziele jeweils erreicht sein?
- Welche Meilensteine erachten Sie als sinnvoll?

Gesprächsverlauf

Basis der Zielvereinbarung sind Informationen über die aktuelle Situation Ihres Unternehmens sowie über die Unternehmens- und Bereichsziele. So hat jeder Mitarbeiter das große Ganze vor Augen und kann sich vor diesem Hintergrund Gedanken über die eigenen Ziele machen und diese besser einordnen. Leiten sich aus den Bereichszielen unmittelbar Ziele für den einzelnen Mitarbeiter ab, was bei quantitativen Zielen oft der Fall ist, werden diese im Zielvereinbarungsgespräch kommuniziert und begründet. Darüber hinaus ist es sinnvoll, die Ideen und Vorstellungen der Mitarbeiter einzubeziehen. Mitarbeiter kennen ihr Aufgabengebiet wie beispielsweise die Zeitplanung selbst am besten und werden sich für ihre eigenen Ideen wahrscheinlich auch stärker einsetzen als für vorgegebene Ziele. Ein erster Austausch zur Umsetzung der Ziele bildet den Abschluss des Gesprächs.

Kernaussagen

- Ich gebe Ihnen einen Überblick darüber, wo das Unternehmen jetzt gerade steht und wo wir im nächsten Jahr hinwollen: ...

- Für unseren Bereich leiten sich daraus die nachfolgenden Ziele ab: A, B und C.
- Wenn wir diese Ziele erreichen, heißt das für uns, ...
- Unmittelbar aus diesen Bereichszielen leiten sich für Sie auch schon individuelle Ziele ab, insbesondere Y und Z.
- Bitte überlegen Sie, was weitere sinnvolle Ziele für Sie sein können, was Sie erreichen wollen. Einerseits interessieren mich dabei Leistungsziele, andererseits auch Ihre fachlich-persönlichen Entwicklungsziele.

Download: Kernaussagen und Navigationsfragen

Navigationsfragen

- Welche Ergänzungen oder Konkretisierungen zu unseren Bereichszielen finden Sie sinnvoll?
- Wie profitieren unsere Kunden von diesem Ziel?
- Wie profitiert das Unternehmen von diesem Ziel?
- Welche Aufgaben resultieren aus dem Ziel? Worauf kommt es bei der Umsetzung besonders an?
- Welche Ideen zur Vorgehensweise haben Sie schon?
- Welchen zeitlichen Rahmen halten Sie für realistisch?
- Auf welche Fähigkeiten kommt es besonders an?
- Wo liegen mögliche Schwierigkeiten? Wie können wir diese lösen?
- Welche Schnittstellen gilt es zu berücksichtigen?
- Was sind aus Ihrer Sicht sinnvolle Meilensteine?
- Was wollen Sie in Bezug auf Ihre persönliche Entwicklung erreichen?

Einwandbehandlung

Das ist unmöglich zu schaffen.

- Wie wäre es, wenn Sie erst einmal starten und wir setzen uns in vier Wochen wieder zusammen und überlegen auf der neuen Basis, welches Ziel realistisch ist!?

Ich weiß nicht, die Vorgaben der Geschäftsführung sind doch vollkommen unrealistisch: 10 Prozent Steigerung in diesem Marktumfeld. Wie soll das gehen?

- Ich verstehe Ihre Bedenken, das ist in der Tat ambitioniert. Lassen Sie uns die Vorgabe als Ansporn nehmen und zusammen überlegen, welche Möglichkeiten und Ideen wir haben.

Kommunikationsklippen

Fokussieren Sie auf zwei bis vier bedeutende Ziele

Häufig werden zu viele und zu unspezifische Ziele vereinbart, teilweise auch Ziele mit Aufgaben verwechselt. Ziele fungieren als Leuchtturm, der die Richtung weist. Deshalb sind wenige, beispielsweise zwei bis vier bedeutende Ziele für den Zeitraum von einem Jahr vollkommen ausreichend.

Gut formulierte Ziele sollten dem Mitarbeiter einen möglichst großen Gestaltungsspielraum bei deren Umsetzung einräumen. Es wäre trotzdem ein Fehler, die unterschiedlichen Wege nicht mit den Mitarbeitern zu thematisieren. Je anspruchsvoller und komplexer ein Ziel ist, desto mehr steigt auch die Notwenigkeit, dessen Umsetzung im gemeinsamen Dialog durchzuspielen und den Mitarbeitern als Sparringspartner zur Verfügung zu stehen.

Beurteilung

Kann man das Feedback unterjährig oft rein qualitativ gestalten, fordern viele Beurteilungssysteme die Führungskraft zu einer quantitativen Bewertung von Zielerreichung und Kompetenzen des Mitarbeiters auf. Mitunter gehören dazu auch Vorgaben, wie sich die einzelnen Mitarbeiter auf der verwendeten Skala verteilen sollen, beispielsweise 15 Prozent Top-Leister. Eine gute Vorbereitung und eindeutige, transparente Beurteilungskriterien sind deshalb unabdingbar. Eine professionelle Evaluation einer Jahresleistung setzt darüber hinaus auch unterjährig kontinuierlich geführte Feedback-Gespräche sowie deren Dokumentation voraus.

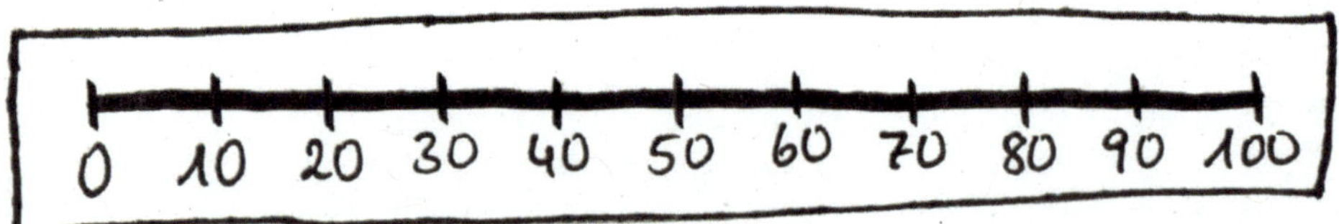

Abb. : Eine Skala hilft, Leistungen von Mitarbeitern zu quantifizieren

Fragen zur Gesprächsvorbereitung

- Wie stufen Sie den Mitarbeiter anhand der vorgegebenen Bewertungskriterien ein?
- Welches konkrete Verhalten und welche konkreten Leistungen des Mitarbeiters im Beurteilungszeitraum liegen Ihrer Bewertung zugrunde?
- Wie beurteilen Sie den Mitarbeiter im Verhältnis zu anderen Mitarbeitern mit einem vergleichbaren Aufgabengebiet und

vergleichbarer Erfahrung? Woran machen Sie Ihre Einschätzung fest?
- Wie haben Sie den Mitarbeiter in der Vergangenheit bewertet? Ist die Leistung in etwa vergleichbar, hat sie sich verschlechtert oder verbessert?
- Inwiefern wird der Mitarbeiter mit der von Ihnen vorgenommenen Bewertung rechnen? Welche Anhaltspunkte hat er dafür?
- Wie argumentieren Sie Ihre Beurteilung, wenn er damit nicht einverstanden sein sollte? Welche Argumente haben Sie?

Gesprächsverlauf

Ist die Bilanz positiv, kann die Führungskraft das Beurteilungsgespräch mit dem Thema Stärken und Erfolge aus dem Blickwinkel des Mitarbeiters beginnen und den Mitarbeiter selbst eine erste Einschätzung seiner Leistung vornehmen lassen. Überwiegen hingegen die kritischen Aspekte, beginnt die Führungskraft am besten mit ihrer Einschätzung und holt erst danach die Sicht des Mitarbeiters ein. Im weiteren Gesprächsverlauf sollten unbedingt auch die Stärken des Mitarbeiters zur Sprache kommen. Es sollte dabei vor allem darum gehen, wie er diese ausbauen und besser einsetzen kann.

Navigationsfragen

Download: Kernaussagen und Navigationsfragen

- Welches waren Ihre drei größten Erfolge im letzten Jahr?
- Wie schätzen Sie den Grad Ihrer Zielerreichung ein?
- Wie würden Sie die beurteilungsrelevanten Kompetenzen jeweils auf einer Skala von 1 bis 10 bewerten?
- Was können Sie tun, um im nächsten Jahr eine bessere Bewertung zu erreichen?
- Wo sehen Sie auf Basis der guten Bewertung noch Entwicklungspotenzial für sich?

Kernaussagen

- Aus meiner Sicht haben Sie Ihre Ziele für dieses Jahr übertroffen, besonders X und Z – das spiegelt sich auch in einer sehr guten Bewertung mit einem „A“ wider. Danke für Ihren Einsatz.
- Sie haben Ziel Y voll erreicht, besonders freut mich Aspekt X, das ist Ihnen sehr gut gelungen. Die beiden anderen Ziele sind aus meiner Sicht nur teilweise erfüllt, es fehlen Y und Z – darüber haben wir schon gesprochen. Insgesamt komme ich zu einer Bewertung von 80 Prozent.

- Wir haben ja schon darüber gesprochen, dass ich mit Ihrer Zielerreichung nicht zufrieden bin. Es fehlen wichtige Aspekte wie X, Y und Z. Deshalb bewerte ich Ihre Zielerreichung in diesem Jahr nur mit einer „3".
- In der Kompetenz X haben Sie sich in diesem Jahr in meiner Wahrnehmung deutlich verbessert, beispielsweise, indem Sie... Deshalb würde ich diesen Punkt gern mit einem „A" bewerten.
- Ihre Entwicklung in Kompetenz Z sehe ich in diesem Jahr kritisch – wir hatten ja vereinbart, dass Sie ... Da komme ich über ein „C" aktuell nicht hinaus.

Einwandbehandlung

Wenn es auf eine derart schlechte Beurteilung hinausläuft, werde ich mich wohl nach einer anderen Stelle umsehen.

- Das fände ich wirklich schade, weil ich Sie schätze. Ich biete Ihnen gern an, dass wir gemeinsam überlegen, wie Sie Ihre Leistung/die entsprechenden Kompetenzen im nächsten Beurteilungszeitraum verbessern können.

Das finde ich eine große Ungerechtigkeit: Sie haben Frau Schmidt viel besser beurteilt als mich, dabei ist sie ständig krank.

- Hier geht es zunächst einmal um Sie. Wenn Sie mit Ihrer Beurteilung nicht einverstanden sind, können wir sie gern noch einmal durchgehen und ich erläutere Ihnen, wie ich dazu gekommen bin und welche Faktoren in die Bewertung einfließen. Wir können außerdem gemeinsam überlegen, wie Sie sich in den kritischen Punkten verbessern können.

Ich sage Ihnen das ganz ehrlich: Ich glaube, die Bewertung, die ich von Ihnen bekommen habe, hat eher etwas mit fehlender Sympathie als mit mangelnder Leistung zu tun.

- Ich bedauere, dass Sie denken, ich würde Sie als Person nicht schätzen. Und gut, dass Sie es so offen sagen, darüber würde ich gern mit Ihnen sprechen. Was Ihre Beurteilung angeht, erläutere ich Ihnen die Kriterien gern noch einmal und bitte Sie, ebenfalls entsprechende Beispiele für Ihre Einschätzung vorzubereiten.

Kommunikationsklippen

Nicht geführte Feedback-Gespräche

Die größte Kommunikationsklippe beim Beurteilungsgespräch liegt in nicht oder nicht deutlich genug geführten kritischen Feedback-Gesprächen während des Beurteilungszeitraums. Haben Sie ungenügende

Leistung oder nicht akzeptables Verhalten auch unterjährig konsequent angesprochen, sollte es in der Bilanz keine großen Überraschungen geben. Damit Ihre Beurteilung auch bei kritischen Nachfragen Bestand hat, ist es essenziell, transparente, nachvollziehbare Bewertungskriterien anzulegen und die Bewertung mit konkreten Beispielen zu belegen.

Mit einer Beurteilung sind oft die Themen Gehalt und Beförderung verbunden und diese können das Gespräch dominieren. Dann spricht man zwar vordergründig über die Leistung des Mitarbeiters, es geht aber tatsächlich um die vom Mitarbeiter erhofften Auswirkungen. Am besten thematisieren Sie solch eine inhaltliche Verschiebung des Gesprächs mit dem Mitarbeiter und verweisen auf die entsprechenden Gespräche.

Nächste Schritte

Fällt die Beurteilung kritisch aus, sollte zeitnah ein Entwicklungsgespräch geführt werden, um dem Mitarbeiter die Chance zu geben, seine Leistung zu verbessern.

Gehalt

Tipps für Gehaltsverhandlungen sind auf vielen Karriere-Seiten zu finden. Ein zentraler Hinweis, der Mitarbeitern an die Hand gegeben wird, ist die Argumentation mit der eigenen Leistung. Das ist auch aus Sicht der Führungskraft hilfreich. Denn wenn sich der Mitarbeiter mit der Qualität seiner Leistung bereits im Vorfeld auseinandergesetzt hat, ist eine wichtige Voraussetzung für ein konstruktives Gespräch erfüllt. Nutzt die Führungskraft das Instrument des Feedbacks regelmäßig, um über die Qualität der Mitarbeiterleistung im Dialog zu bleiben, stehen die

Abb.: Gleichen Sie die Leistungen des Mitarbeiters mit Ihren finanziellen Spielräumen ab

Chancen zudem gut, dass Führungskraft und Mitarbeiter in Bezug auf die Bewertungsgrundlage im Wesentlichen übereinstimmen.

Im nächsten Schritt gleichen Sie die bewertete Leistung des Mitarbeiters mit den finanziellen Spielräumen ab. Behalten Sie dabei die interne Leistungsgerechtigkeit und den Arbeitsmarkt im Blick. Hilfreich kann es an dieser Stelle sein – ein oft genannter Tipp für Gehaltsverhandlungen – über das Festgehalt hinaus weitere Kompensationsmöglichkeiten wie einen Bonus oder eine spezielle Weiterbildung in Betracht zu ziehen, etwa wenn der Spielraum für die klassische Gehaltserhöhung begrenzt ist oder die Unternehmenskultur mehr Gewicht auf flexible oder nichtmonetäre Vergütungskomponenten legt.

In der Regel finden Gehaltsgespräche einmal jährlich statt; es kommt auch vor, dass Mitarbeiter eine Gehaltsverhandlung zu einem anderen Zeitpunkt von sich aus initiieren. Sind Gehaltsverhandlungen gut vorbereitet, nimmt das Gespräch weniger als eine halbe Stunde in Anspruch. Für den Fall, dass es zu grundsätzlichen Diskussionen über andere Themen wie beispielsweise die Leistungsbewertung kommt, empfiehlt es sich, diese zunächst unabhängig vom Gehalt zu klären.

Fragen zur Gesprächsvorbereitung

- Hat sich das Aufgabengebiet oder der Verantwortungsrahmen des Mitarbeiters im letzten Jahr ausgeweitet?
- Hat der Mitarbeiter eine Leistungssteigerung erzielt (quantitativ und qualitativ)?
- Welche besonders guten oder herausragenden Leistungen hat der Mitarbeiter im Beurteilungszeitraum erbracht?
- In welchem Umfang hat der Mitarbeiter zum Gesamtergebnis des Teams beigetragen?
- An welchen Punkten hat der Mitarbeiter einen außergewöhnlich hohen Einsatz gezeigt?
- Für den Fall, dass die Leistung nicht ausreicht: Welche Leistungssteigerung müsste der Mitarbeiter konkret erbringen, damit Sie eine Gehaltserhöhung oder andere Form der Kompensation in Betracht ziehen?
- Wie hat sich das Gehalt des Mitarbeiters im Zeitverlauf entwickelt?
- Wie ist die Vergütung des Mitarbeiters im Vergleich zu seinen Kollegen einzuordnen?
- Welches Gehalt würde der Mitarbeiter wahrscheinlich beim Wettbewerb erzielen? Unter welchen Rahmenbedingungen?

- Wie hoch ist die Nachfrage am Arbeitsmarkt für die Qualifikationen des Mitarbeiters?
- Welche anderen Aspekte außer dem Grundgehalt sind für den Mitarbeiter in Ihrem Unternehmen attraktiv (z.B. Nebenleistungen, Boni, Unternehmenskultur, Standort, Karrieremöglichkeiten, Weiterbildung, Aufgaben)?
- Wie gut integriert sich der Mitarbeiter ins Team?
- Wollen Sie auch weiterhin mit dem Mitarbeiter zusammenarbeiten?
- Was sind Sie bereit und in der Lage, für die Leistung des Mitarbeiters höchstens zu bezahlen?
- Wollen Sie das Grundgehalt dauerhaft erhöhen oder bevorzugen Sie flexible Zahlungen wie einen Bonus?

Gesprächsverlauf

Eine positive Botschaft für den Mitarbeiter ist schnell überbracht. Doch ähnlich wie bei positivem Feedback vergibt man mit einer knapp kommunizierten Gehaltserhöhung die Chance, mit dem Mitarbeiter über seine gute Leistung ins Gespräch zu kommen und ihn für die weitere Zusammenarbeit zu motivieren. Nutzen Sie die Gelegenheit, dem Mitarbeiter gegenüber auch persönliche Wertschätzung zum Ausdruck zu bringen, die Gründe für die Gehaltserhöhung herauszustellen und gemeinsam einen Ausblick auf anstehende Aufgaben und neue Entwicklungen vorzunehmen.

Bringen Sie im Gespräch persönliche Wertschätzung zum Ausdruck

Bei für den Mitarbeiter ungünstigen Entscheidungen wie etwa einer Nullrunde sollte die Führungskraft ihren Verhandlungsstandpunkt möglichst früh im Gespräch klarstellen und begründen. Motivierend kann es für den Mitarbeiter sein, wenn der Fokus des Gesprächs danach recht zügig auf mögliche zukünftige Entwicklungen und die damit verbundenen Perspektiven gelenkt wird; am besten mithilfe eines konkreten Fahrplans, beispielsweise der erneuten Gehaltsüberprüfung nach einem halben Jahr.

Kernaussagen

- Aufgrund Ihrer sehr guten Leistungen und Ihres großen Engagements biete ich Ihnen gern eine Gehaltserhöhung von 8 Prozent an. Besonders herausstellen möchte Ihre Leistung im Fall A und B. Das hat mir richtig gut gefallen.
- Der Rahmen für eine klassische Gehaltserhöhung ist in diesem Jahr nicht groß, sodass wir Ihnen lediglich einen Inflationsausgleich anbieten können. Als Anerkennung für Ihre sehr gute

Download: Kernaussagen und Navigationsfragen

Arbeit biete ich Ihnen darüber hinaus gern eine einmalige Bonuszahlung von 5.000 Euro an.

- Eine Gehaltserhöhung ist in diesem Jahr nicht möglich. Lassen Sie uns deshalb gemeinsam überlegen, wie wir Ihre gute Leistung anderweitig anerkennen können.
- Wir haben ja schon mehrfach darüber gesprochen, dass ich mit Ihren Leistungen aktuell nicht zufrieden bin. Deshalb habe ich mich entschieden, Ihr Gehalt in diesem Jahr nicht zu erhöhen.
- In den beiden Punkten A und B erwarte ich von Ihnen eine deutliche Leistungssteigerung, um eine Gehaltserhöhung zu bekommen.
- Unabhängig vom Gehalt sage ich Danke für Ihre gute Leistung. Ich bin froh, dass Sie an Bord sind, und freue mich auf unsere weitere Zusammenarbeit.

Navigationsfragen

- Welches sind Ihre Argumente für eine Gehaltserhöhung?
- Wo hat sich Ihre Leistung aus Ihrer Sicht dauerhaft so verbessert, dass eine Gehaltserhöhung angezeigt wäre?
- Wie wäre es statt einer Gehaltserhöhung mit einem Bonus?
- In welcher Höhe stellen Sie sich die Gehaltserhöhung/den Bonus vor?
- Was wäre, da wir Ihr Gehalt nicht erhöhen können, stattdessen eine angemessene Anerkennung Ihrer Leistung?
- Wie zufrieden sind Sie generell mit Ihrer Aufgabe und Ihrer Entwicklung in unserem Unternehmen?

Einwandbehandlung

Ich habe mich im letzten Jahr wirklich ins Zeug gelegt, und jetzt nur zwei Prozent Gehaltserhöhung. Das finde ich nicht fair.

- Ich finde auch, dass Sie sich sehr engagiert haben. Darüber haben wir ja schon gesprochen. Als Gehaltserhöhung kann ich Ihnen nicht mehr anbieten. Aber lassen Sie uns überlegen, was unabhängig davon eine passende Anerkennung für Sie wäre. Ich denke da zum Beispiel an die Weiterbildung, die Sie gerne besuchen möchten.

Ich habe schon drei Jahre keine Gehaltserhöhung mehr bekommen.

- Darüber habe ich auch schon nachgedacht. Das ist darauf zurückzuführen, dass zum einen Ihr Aufgabengebiet gleich geblieben ist und dass ich zum anderen keine wesentliche Leistungssteigerung festgestellt habe. Deshalb kann ich Ihnen auch in diesem Jahr keine Gehaltserhöhung anbieten bzw. nur den üblichen Inflationsausgleich zusagen. Lassen Sie uns aber gern darüber sprechen, was Sie tun können, um im nächsten Jahr eine Gehaltserhöhung oder einen Bonus zu erreichen.

Ich bekomme öfter mal Anrufe von Personalberatern, und bei dieser Entwicklung höre ich mir deren Angebote vielleicht doch genauer an.

- Das ist generell eine gute Idee, denke ich. Allerdings ist das nicht die Art und Weise, wie ich Gehaltsgespräche führe. Wenn Sie mit unserem Angebot nicht zufrieden sind, lassen Sie uns darüber sprechen, was Sie sich vorstellen, was möglich ist und was wir dafür erwarten.

Kommunikationsklippen

Wie in anderen Verhandlungen auch, ist es bei Gehaltsgesprächen wichtig, einer klaren Argumentationslinie zu folgen. Deshalb ist es ratsam, sich die wesentlichen ein bis drei Argumente für die betreffende Entscheidung vor dem Gespräch zu vergegenwärtigen und im Gespräch dabei zu bleiben. Dabei stellt sich die Führungskraft als verantwortlichen Akteur dar und vermeidet ein Abwälzen von kritischen Botschaften auf andere oder die äußeren Umstände („Ich würde ja gern, aber ...").

Oft sind hohe Gehaltsforderungen oder starre Verhandlungspositionen des Mitarbeiters Ausdruck einer unterschwelligen Unzufriedenheit mit anderen Faktoren. Hier gilt es, als Führungskraft genau hinzuhoren und möglicherweise versteckte Problembereiche zu identifizieren. Denn das Gehalt an sich hat für die langfristige Zufriedenheit und Motivation der Mitarbeiter eine eher nachgeordnete Bedeutung. Es ist ein sogenannter Hygienefaktor, der im internen und externen Vergleich bestehen können muss, um Mitarbeiter nicht des Gehalts wegen zu verlieren.

3.5 Fokus Handlungsbedarf

Kommunikation in Veränderungsprozessen

Kommunizieren Sie die Sinnhaftigkeit der Veränderung

Fusionen, Digitalisierung, Standortverlagerungen – das sind nur einige Beispiele für Veränderungen im Unternehmenskontext. Will man die Motivation und das Engagement der Mitarbeiter in solchen Situationen aufrechterhalten, ist eine kontinuierliche Information über die Veränderungen, deren Sinnhaftigkeit und Auswirkungen wichtig. Das ist die Bringschuld des Managements. Durch die so entstehende Transparenz wächst bei den Mitarbeitern das Vertrauen und das Gefühl von Sicherheit. Darüber hinaus ist es empfehlenswert, die Mitarbeiter in die Gestaltung der Veränderungen aktiv einzubinden. Dann werden sich die Mitarbeiter an der Umsetzung beteiligen und den Wandel aus eigener Überzeugung mitgestalten.

Abb.: Die Richtung des Veränderungsprozesses stimmt –
Mit der Transparenz wachsen Vertrauen und das Gefühl von Sicherheit

Kommunikation von Veränderungsprozessen erfolgt entsprechend dem Anlass punktuell und nimmt im Alltag einen hohen Stellenwert ein, beispielsweise in Team-Meetings. Darüber hinaus empfehlen sich Einzelgespräche mit denjenigen Mitarbeitern, die besonders von den Veränderungen betroffen sind und die Sie im Unternehmen halten wollen.

Fragen zur Gesprächsvorbereitung

- Aus welchen Gründen hat sich das Unternehmen für diese Veränderung entschieden?
- Welches sind die Vorteile der Veränderung für das Unternehmen bzw. für Ihren Bereich?
- Wie stehen Sie persönlich zu der Veränderung? Wie als Führungskraft des Unternehmens?
- Welche Mitarbeiter werden am meisten von der Veränderung betroffen sein? In welcher Weise?
- Wenn Sie sich in die Lage eines betroffenen Mitarbeiters versetzen, worüber wären Sie gern informiert?
- Wo haben Sie als Führungskraft selbst noch Informationsbedarf?

- Wie wollen Sie zu Sachverhalten Stellung nehmen, zu denen Sie selbst nur wenige oder keine Informationen haben?
- Welche Erwartungen haben Sie an den/die Mitarbeiter im Veränderungsprozess?
- Welche Vorteile hat ein Mitarbeiter, der sich im Veränderungsprozess engagiert? Was passiert, wenn er es nicht tut?
- Welche Mitarbeiter wollen Sie auch in der neuen Konstellation unbedingt halten? Wie lässt sich das erreichen?
- Wann ist der passende Zeitpunkt, bestimmte Informationen zu platzieren? In welchem Rahmen?

Gesprächsverlauf

Change-Kommunikation bedeutet kontinuierliche Information durch das Management, ist also zunächst einmal „Einbahn-Kommunikation", am besten durch die persönliche Ansprache. Wenn die Mitarbeiter Veränderungen mittragen und mitgestalten sollen, ist es im zweiten Schritt wichtig, die Standpunkte, Ideen, Fragen, Bedenken und Sorgen der Mitarbeiter regelmäßig zu erfragen und darüber ins Gespräch zu kommen.

Kernaussagen

Download: Kernaussagen und Navigationsfragen

- Ich möchte Sie heute über eine anstehende Veränderung informieren, nämlich ...
- Aus den folgenden Gründen haben wir uns für diese Veränderungen entschieden: A, B, C.
- Von den Veränderungen versprechen wir uns folgende Vorteile: A, B, C.
- Für unser Unternehmen stellt dieser Wandel eine große Chance dar, von der wir Sie gern überzeugen wollen.
- Es ist heute noch zu früh, um Details zu kommunizieren – wir halten Sie wöchentlich auf dem Laufenden und suchen innerhalb der kommenden zwei Wochen auch das persönliche Gespräch mit jedem Einzelnen von Ihnen.
- Ich weiß, dass manchen von Ihnen die anstehenden Veränderungen nicht leichtfallen, gerade weil noch nicht alle Details geklärt sind. Deshalb danke ich Ihnen dafür, dass Sie nach wie vor so engagiert dabei sind.
- Bei der Gestaltung der anstehenden Veränderungen würden wir Sie gern für die aktive Mitarbeit gewinnen.
- Bitte kommen Sie auf mich zu, wenn Sie zu den anstehenden Veränderungen noch Fragen oder Ideen haben.

Navigationsfragen

- Welche Fragen beschäftigen Sie im Zusammenhang mit den Veränderungen im Moment am meisten?
- Welche Bedenken haben Sie ggf. in Bezug auf die Veränderungen?
- Wo sehen Sie die größten Veränderungen auf sich persönlich zukommen?
- Was bräuchten Sie ggf., um die Veränderungen noch besser umzusetzen?
- Wo können Sie die anstehenden Veränderungen selbst noch mitgestalten?
- Wie könnten Sie von den Veränderungen profitieren?
- Was werden Sie an der bisherigen Welt vermissen? Was war gut, was hat Ihnen besonders gefallen?
- An welcher Stelle sehen Sie sich in der neuen Konstellation?
- Wie erleben Sie die Kommunikation des Veränderungsprozesses? Fühlen Sie sich gut informiert und eingebunden?

Einwandbehandlung

Ich weiß gar nicht, was das alles soll. Hat doch prima funktioniert bisher.

- Ja, da haben Sie recht. In Zukunft kommen allerdings neue Herausforderungen auf uns zu, die wir mit den aktuellen Strukturen nicht mehr bewältigen können. Wenn wir morgen noch genauso erfolgreich sein wollen, ist es an der Zeit, dass wir uns jetzt verändern. Beispielsweise ...

Was bedeutet diese Veränderung denn für mich?

- Das kann ich Ihnen im Moment noch nicht genau sagen. Ich würde es gern sehen, wenn Sie im Unternehmen bleiben; wir machen uns schon Gedanken über neue Möglichkeiten für Sie – und wir bitten Sie, dasselbe zu tun. Ich denke, wenn wir uns in zwei, drei Wochen zu diesem Thema zusammensetzen, wissen wir mehr.

Jetzt wird schon wieder eine neue Sau durchs Dorf getrieben. Wir müssen doch auch mal unsere Arbeit machen.

- Wie hält Sie die neue Strategie von Ihrem Tagesgeschäft ab? Und wie können Sie sich wieder mehr Raum für Ihre Aufgabe schaffen?

Es geht mal wieder nur um die Kosten, und ob das in Indien überhaupt funktioniert, steht doch auf einem ganz anderen Blatt. Unsere Kunden sind schließlich hier.

- Ich kann Ihren Unmut verstehen. Die Entscheidung ist allerdings so getroffen – lassen Sie uns doch erst einmal Erfahrungen in der neuen Konstellation machen.

Das haben die Spatzen ja schon vor Jahren vom Dach gepfiffen. Hätten die da oben mal gleich reagiert, wäre uns das jetzt erspart geblieben.

- Im Nachhinein lässt sich das leicht sagen. Wissen Sie noch, wie diese Idee schon damals auf erbitterte Kritik stieß? Und es ist ja nicht so, dass wir nicht gegengesteuert hätten, nehmen Sie als Beispiel nur einmal ... Also lassen Sie uns jetzt gemeinsam die notwendigen Schritte gehen.

Die Geschäftsführung könnte ruhig auch mal was dazu sagen. Die sitzen da oben und würfeln unsere Zukunft aus.

- Ihre Anregung gebe ich gern weiter. Ich finde allerdings den Ton, in dem Sie über die Geschäftsführung sprechen, nicht angemessen.

Mal ehrlich, das ist doch wieder so ein Nonsens, den die sich da ausgedacht haben.

- Lassen Sie uns gern über Ihre Bedenken sprechen. Ich erwarte allerdings auch, dass wir das sachlich tun.

Kommunikationsklippen

Informieren Sie ausreichend und kontinuierlich

Die größte Gefahr in der Change-Kommunikation besteht darin, zu wenig zu informieren und nicht kontinuierlich das Gespräch mit den Mitarbeitern zu suchen. Die meisten Mitarbeiter haben Verständnis dafür, wenn beispielsweise abschließende Entscheidungen Zeit brauchen oder aus strategischen Gründen nicht immer sofort in vollem Umfang kommuniziert werden. In einem solchen Fall sollte thematisiert werden, dass es noch keine Entscheidung gibt bzw. wann mit verbindlichen Informationen zu rechnen ist.

Abb.: Kommunizieren Sie die Veränderungsziele mit Überzeugung und haben Sie ein offenes Ohr für Fragen, Ideen und Bedenken

In der Ausgestaltung der Change-Kommunikation gilt es, die „neue Welt“ mit Überzeugung zu beschreiben und gleichzeitig ein offenes Ohr für Fragen, Ideen, Bedenken und Sorgen der Mitarbeiter zu haben und diese konstruktiv aufzugreifen. Auf diese Weise verhindern Sie das Entstehen eines „Nörgel-Potenzials“, das Mitarbeiter durchaus mehrere Stunden täglich beschäftigen, sich schnell verselbstständigen und die Unterstützung für Neuerungen beeinträchtigen kann. Sollte es dennoch zu betont kritischen Bemerkungen über die anstehenden Veränderungen kommen, ist es angebracht, einen konstruktiven, respektvollen Ton einzufordern.

Alle Change-Maßnahmen, die Auswirkungen auf einzelne Stellen haben, also insbesondere Stellenabbau und Neubesetzungen, sollten zügig verkündet werden. Auf diese Weise entsteht am wenigsten Verunsicherung und die Organisation ist schneller wieder arbeitsfähig.

Konflikte im Team

Abb.: Die Führungskraft als Konfliktmanager

Konflikte entschärfen

Zwei Mitarbeiter liegen miteinander im Clinch. Oft aus banalem Anlass, selten aus banalem Grund. So äußert sich ein schwelender Konflikt in Kleinigkeiten wie Zuspätkommen oder einem knappen Ton, dahinter liegen aber oft andere Ursachen wie ein unerfülltes Bedürfnis nach Anerkennung oder Zugehörigkeit oder auch angetastete Werte wie Gerechtigkeit und Leistung. Da Konflikte die Leistungsfähigkeit des ganzen Teams erheblich in Mitleidenschaft ziehen können, tut jede Führungskraft gut daran, mögliche Unstimmigkeiten zwischen ihren Mitarbeitern im Blick zu behalten und ggf. einzuschreiten. Die Führungskraft kann in zweifacher Hinsicht zur Entschärfung eines Konflikts beitragen: Sie kann auf die Wahrung eines angemessenen Tons und respektvollen Umgangs miteinander einwirken. Und sie kann zu Klarheit beitragen, wenn sie bei Konflikten um Ressourcen, Prioritäten oder das Vergeben von Aufgaben klare Entscheidungen trifft.

Bilaterales Interventionsgespräch

Über diesen Rahmen hinaus will es gut überlegt sein, in welcher Form man als Führungskraft im Fall eines Konflikts zwischen Mitarbeitern aktiv wird. Schnell ist man versucht, zu schlichten und ist ehe man sich versieht Teil der Auseinandersetzung. Ein relativ einfacher und empfehlenswerter erster Schritt zur Konfliktlösung besteht deshalb darin, jeweils ein bilaterales Interventionsgespräch mit den Beteiligten zu führen. In diesem Interventionsgespräch verschafft sich die Führungskraft einen Überblick über die Situation und stellt den Mitarbeiten unterstützende Fragen, um den Sachverhalt einzuordnen und selbst eine Lösung zu finden. Inhaltlich gilt bei Interventionsgesprächen im Konfliktfall dasselbe wie in Feedback-Gesprächen – die klare Trennung der Beobachtungen von deren Bewertung. So erreicht die Führungskraft größtmögliche Objektivität und hat vor allem einen Ansatzpunkt, um die im Konflikt relevanten Bedürfnisse und Werte der beiden Parteien zu identifizieren und auf dieser Basis zu einer tragfähigen Lösung zu beizutragen.

Bei diesen bilateralen Interventionsgespräch sollte es schwerpunktmäßig nicht darum gehen, sich den Konflikt minutiös nacherzählen zu lassen („Und dann hat er das gemacht ..."), sondern darum, Lösungsansätze zu finden (siehe auch Teil 1, Fokusfragen, S. 23). Etwa eine halbe Stunde Zeit pro Mitarbeiter ist zunächst einmal angemessen.

Fragen zur Gesprächsvorbereitung

- Worum geht es bei dem Konflikt?
- Was steht für Ihren Verantwortungsbereich auf dem Spiel?
- Was steht für die beteiligten Mitarbeiter auf dem Spiel?
- Was könnten Sie zur Lösung beitragen, indem Sie bspw. eine Entscheidung treffen?.
- Wie würde sich das Verhalten der Beteiligten nach einem gelösten Konflikt ändern?
- Warum vermuten Sie, dass eine Lösung bisher nicht zustande gekommen ist?
- Was hat im Sinne einer Konfliktlösung schon ganz gut geklappt, auch wenn der Konflikt selbst noch nicht vollständig behoben ist?
- Fühlen Sie sich imstande, (zunächst) selbst einzugreifen oder wäre eine professionelle Lösung besser?

Gesprächsverlauf

Starten Sie das Gespräch mit einer konstruktiven Note, indem Sie verdeutlichen, dass Sie gemeinsam an einer Lösung des Konflikts arbeiten wollen. Verdeutlichen Sie auch, dass die Austragung eines Konflikts auf diese Art nicht Ihre Erwartungen an die Zusammenarbeit im Team erfüllt. Formulieren Sie anschließend das erwartete Verhalten, beispielsweise: „Mir ist wichtig, dass Sie wieder kollegial mit Herrn/Frau X zusammenarbeiten." Danach ist es zweckmäßig, das Gespräch in etwa entlang der unten genannten Navigationsfragen zu strukturieren, ergänzt um Fragen, die Ihnen spontan als passend erscheinen.

Kernaussagen

Download: Kernaussagen und Navigationsfragen

- Ich würde gern mit Ihnen über den Konflikt und mögliche Lösungen ins Gespräch kommen.
- Ich denke, es wäre gut, wenn Sie erst einmal bilateral versuchen, die Situation zu klären. Dabei unterstütze ich Sie gern.
- Ich werde mit dem Kollegen auch ein solches Gespräch führen, bevor Sie beide miteinander sprechen.
- Ich kann mir einen solchen Konflikt in meinem Team nicht leisten. Er wirkt sich schon negativ auf die Ergebnisse und die Stimmung aus.
- Lassen Sie uns zu diesem Thema noch einmal zusammensetzen, wenn Sie mit dem Kollegen gesprochen haben.

Navigationsfragen

- Worum geht es? Gibt es eine Art Überschrift für den Sachverhalt?
- Was ist (im Sinne einer Executive Summary) tatsächlich passiert?
- Haben Sie eine Erklärung für das Verhalten des Kollegen?
- Wie würde der Kollege den Konflikt wahrscheinlich umgekehrt schildern?
- Hätte es im Rückblick eine konstruktive Alternative für Ihr Verhalten gegeben?
- Was würden Sie sich vom Kollegen wünschen?
- Was würden Sie dem Kollegen gern sagen?
- Können Sie sich vorstellen, was der Kollege Ihnen gern sagen würde?
- Welche Ihrer Bedürfnisse oder Werte hat der Kollege vielleicht unbewusst angetastet?
- Wie könnte ich als Ihr Vorgesetzter zur Lösung des Konflikts beitragen?

- Was könnten Sie selbst tun, um dem Kollegen einen Schritt entgegenzukommen?

Einwandbehandlung

Also ganz ehrlich, mit Herrn/Frau X kann man einfach nicht zusammenarbeiten.

- Deshalb sprechen wir ja jetzt miteinander, damit wir eine gute Lösung finden. Ich erwarte von Ihnen beiden, dass Sie an einer Lösung arbeiten. Dabei unterstütze ich Sie.

Ich wüsste nicht, was ich dazu beitragen kann.

- Meiner Erfahrung nach können immer beide Seiten zu einer Lösung beitragen. Das erwarte ich auch von Ihnen.

Da geht schon 'mal mein Temperament mit mir durch – so bin ich halt.

- Das ist kein Verhalten, das ich in meiner Abteilung sehen möchte. Wie können Sie bei einem ähnlichen Vorfall in Zukunft besser reagieren?

Ich habe wirklich schon alles versucht, um mit Herrn/Frau X klarzukommen.

- Was haben Sie schon versucht? Mit welchem Ergebnis?

Kommunikationsklippen

Überlegen Sie, ob Sie als Führungskraft einen direkten Dialog zwischen den beiden Mitarbeitern moderieren wollen. Bei konstruktiven Mitarbeitern funktioniert das oft gut. Bei komplexeren Auseinandersetzungen ist es empfehlenswert, über fortgeschrittene Gesprächstechniken zu verfügen. In beiden Fällen besteht für die Führungskraft die Gefahr des Hineingezogen-Werdens in den Konflikt.

Nächste Schritte

Schlichtungsgespräch

Funktioniert eine durch die Führungskraft begleitete, eigenständige Klärung zwischen den beiden Konfliktparteien trotz guter Vorbereitung nicht, kann die Führungskraft ein Schlichtungsgespräch anberaumen. Es ist bei komplexen Problemen ratsam, dafür beispielsweise einen Mediator oder Coach hinzuzuziehen.

Wenn Sie als Führungskraft selbst einmal mit einem Mitarbeiter im Konflikt stehen sollten, können Sie die Vorbereitungs- und Navigationsfragen dieses Kapitels gut zur Selbstreflexion nutzen. Da man in einer solchen Konstellation als persönlich Betroffener allerdings kaum noch objektiv bleiben kann, ist es auch in diesem Fall sinnvoll, einen Profi in der Konfliktlösung zu Rate zu ziehen.

Low Performer

Umgang mit Minderleistern

Je nach Quelle, beispielsweise dem Gallup Engagement Index, sind etwa 15 Prozent der Mitarbeiter konstant nicht mit dem erwarteten Einsatz und Engagement bei der Sache, sogenannte Low Performer oder, rechtlich korrekt, Minderleister. Missachtet ein Mitarbeiter trotz Feedback-Gesprächen über längere Zeit Verhaltensregeln und/oder weisen seine Ergebnisse nicht die mögliche Qualität auf, ist es empfehlenswert, die eigene Vorgehensweise zu verändern: Es hat sich bewährt, die Arbeit mit dem betreffenden Mitarbeiter als zeitlich begrenztes Veränderungsprojekt mit definierten Meilenstein-Gesprächen aufzusetzen (siehe Abbildung).

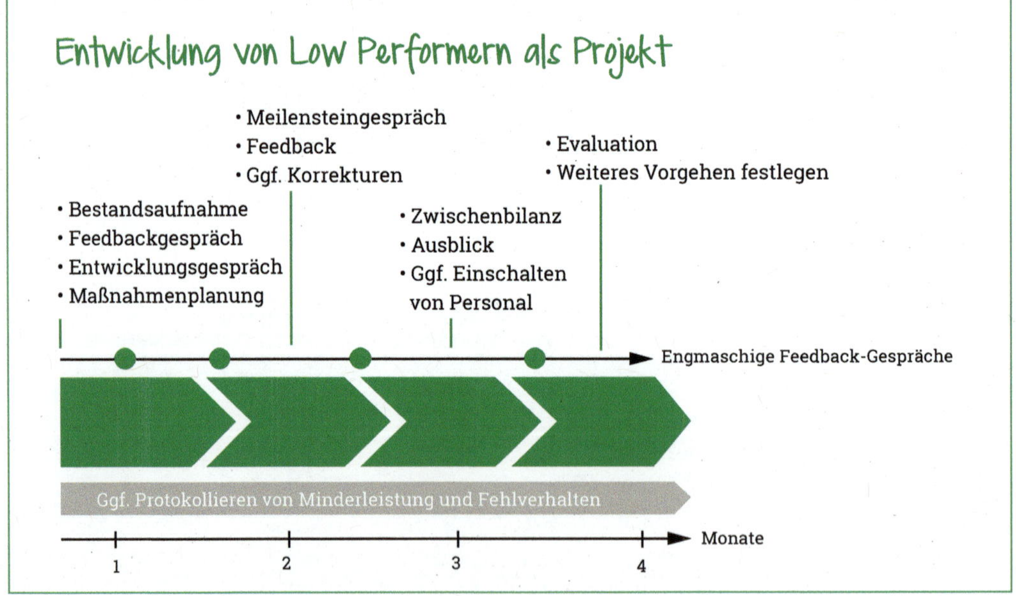

Geben Sie dem Mitarbeiter ein halbes Jahr, um sein Verhalten zu verändern

Um dem Mitarbeiter eine realistische Chance zu geben, sein Verhalten zu verändern, ist ein Zeitraum von sechs Monaten sinnvoll. Der Vorteil der zeitlichen Begrenzung: Die Zielmarke vermittelt dem Mitarbeiter, dass das Entgegenkommen der Führungskraft vorhanden und gleichzeitig begrenzt ist; für Führungskräfte hat sich dieses konsequente und strukturierte Vorgehen als entlastend erwiesen, weil es den Kreislauf wiederkehrender Feedback-Gespräche ohne Folgen unterbricht. Denn tritt nach diesem Zeitraum trotz Unterstützung des Mitarbeiters keine Verbesserung ein, können arbeitsrechtliche Schritte ergriffen werden. Deshalb ist es notwendig, kritisches Verhalten und Ergebnisse in diesem Zeitraum zu dokumentieren.

Ziel der Gespräche mit Minderleistern ist es zunächst, positiv auf die Motivation des Mitarbeiters einzuwirken, damit dieser (wieder) eine bessere Leistung bzw. ein optimiertes Verhalten zeigt.

Dafür gibt es eine ganze Reihe möglicher Ansatzpunkte. Das können Sie zunächst tun:

- Erkennen der Eigenmotivation oder intrinsischen Motivation des Mitarbeiters: Es ist ein Unterschied, ob ein Mitarbeiter beispielsweise durch das Erreichen eines Ziels motiviert wird oder aber durch die Vermeidung von Fehlern. Manche Mitarbeiter haben von sich aus eine hohe Erfolgszuversicht, andere benötigen mehr Zuspruch. Veränderung ist für eine ganze Reihe von Mitarbeitern ein Ansporn, andere wollen umsichtig herangeführt werden.
- Überprüfen der Passung von Talenten und Fähigkeiten mit der Aufgabe: Verfügt der Mitarbeiter über die notwendigen Stärken und Fähigkeiten? Ist er angemessen herausgefordert, also weder dauerhaft über- noch unterfordert?
- Ein Blick auf die sozialen Systeme, in die der Mitarbeiter bei und außerhalb der Arbeit eingebunden ist, kann hilfreich sein: Wie kommt er im Team klar? Gibt es vielleicht private Probleme?
- Überprüfen der Beziehung zur Führungskraft: Bekommt der Mitarbeiter genügend Anerkennung? Werden auch kritische Verhaltensweisen angesprochen? Handelt es sich vielleicht um ein „Machtspiel“?

Fragen zur Gesprächsvorbereitung

- Woran machen Sie die Minderleistung des Mitarbeiters fest?
- Unter welchen Bedingungen arbeitet der Mitarbeiter engagierter? Was motiviert ihn (ggf. auch außerhalb der Arbeit)?
- Haben Sie eine Vermutung, welche Gründe hinter der mangelnden Motivation stecken könnten?
- Woran würden Sie eine höhere Motivation erkennen?
- Was macht der Mitarbeiter trotz geringer Motivation gut?
- Was schätzen Sie an dem Mitarbeiter?
- Wie würden Sie Ihre Beziehung zum Mitarbeiter beschreiben?
- Wie konsequent haben Sie eine Verhaltensänderung bisher eingefordert?

Gesprächsverlauf

Dokumentieren Sie die Ergebnisse

Das Gespräch mit einem Minderleister sollte in diesem Stadium, also nach mehreren Feedback-Gesprächen, straff geführt werden – dafür bieten sich die Kernaussagen an. Je nach Kooperationswillen des Mitarbeiters ist es sinnvoll, die Situation konstruktiv zu hinterfragen (siehe Navigationsfragen). Um die Ernsthaftigkeit des Gesprächs zu unterstreichen, ist die Dokumentation der Ergebnisse notwendig. Für den Fall, dass sich der Mitarbeiter nicht kooperativ verhält, zeigt die Führungskraft Konsequenzen auf, beispielsweise eine Abmahnung.

Kernaussagen

Download: Kernaussagen und Navigationsfragen

- Wir haben ja schon einige Male über ... (Minderleistung benennen) gesprochen – bisher hat sich aus meiner Sicht daran nichts geändert. In den kommenden sechs Monaten möchte ich deshalb zusammen mit Ihnen daran arbeiten, dass Sie wieder die Leistung erbringen, die ich von Ihnen gewohnt bin/dass sich Ihre Leistung verbessert.
- Wichtig ist mir, dass Sie... (Erwartungen benennen).
- Das Ziel unseres heutigen Gesprächs ist es, zusammen konkrete Maßnahmen zu überlegen, wie Sie eine verbesserte Leistung erreichen können und dazu einen verbindlichen Umsetzungsplan aufzustellen.
- Während der kommenden sechs Monate setzen wir uns etwa alle zwei Wochen zusammen, um Ihren Fortschritt zu überprüfen.

Navigationsfragen

- Was wäre aus Ihrer Sicht nötig, damit Sie wieder mit mehr Engagement bei der Arbeit sind?
- Wenn Sie sich an Situationen erinnern, in denen Sie motiviert ins Büro gekommen sind, was war da anders als jetzt?
- Was macht Ihnen dennoch Freude an Ihrer Arbeit?
- Wie wohl fühlen Sie sich im Team?
- Wie zufrieden sind Sie mit Ihren Aufgaben?
- Gibt es Dinge, die Sie sich von mir mehr, weniger oder anders wünschen?
- Gibt es private Dinge, die Sie belasten, auch wenn Sie vielleicht im Moment nicht darüber sprechen wollen?
- Was wollen Sie konkret tun, um an den erkannten Punkten zu arbeiten?
- Welche Ziele wollen Sie bis zu unserem nächsten Treffen in zwei Wochen erreichen?

Einwandbehandlung

Das finde ich ja ein starkes Stück – stehe ich jetzt etwa auf der Abschussliste?

- Um das zu vermeiden, sitzen wir heute zusammen. Ich würde Ihnen in den nächsten sechs Monaten gern die Gelegenheit geben und Sie dabei unterstützen, Ihre Leistung zu verbessern.

Sie haben sich ja sowieso schon entschieden, mich loszuwerden.

- Wir haben schon mehrere Feedback-Gespräche zu diesem Thema geführt und stehen heute deshalb nicht mehr bei null. Und über den Zeitraum der nächsten sechs Monate möchte ich mit Ihnen gemeinsam daran arbeiten, dass Sie wieder eine bessere Leistung zeigen. Wollen Sie das auch?

Weitere mögliche Einwände und Hinweise dazu finden Sie bei den Feedback- und Entwicklungsgesprächen (siehe S. 76 ff.).

Kommunikationsklippen

Gespräche zum Thema Minderleistung werden stark von der Haltung der Führungskraft beeinflusst. Eine ungehaltene oder konfrontative Haltung führt dazu, dass sich der Mitarbeiter weiter verschließt. Empfehlenswert ist eine offen-kooperative und lösungsorientierte Haltung.

Nächste Schritte

Über den Zeitraum von sechs Monaten ist es wichtig, die Fortschritte des Mitarbeiters regelmäßig nachzuhalten und zu dokumentieren. Sollte sich bis nach etwa vier Monaten keine Veränderung einstellen, bereiten Sie den Mitarbeiter auf weitere, ggf. arbeitsrechtliche Maßnahmen vor.

Alkoholmissbrauch

Mitarbeiter, die alkoholisiert zur Arbeit erscheinen, oder im Betrieb trinken, sind eine potenzielle Gefahr für die Arbeitssicherheit und wirken sich oft nachteilig auf Arbeitsbeziehungen und -ergebnisse aus. Langfristig hat übermäßiges Trinken Auswirkungen auf die Gesundheit des Mitarbeiters. Es handelt sich also um ein ernstes Problem. In den meisten Fällen ist Trinken der (wenn auch vergebliche) Versuch der Bewältigung eines tiefer liegenden Problems.

Fürsorgepflicht

Interventionsgespräche wegen Alkoholmissbrauchs sollten vertraulich, klar und wertschätzend geführt werden, Stichwort Fürsorgepflicht des Arbeitgebers. Gleichzeit sollte man sich der eigenen Grenzen als Führungskraft bewusst sein und rechtzeitig Hilfe anfordern, wenn sich durch ein oder zwei Gespräche keine Lösung abzeichnet.

Fragen zur Gesprächsvorbereitung

- Wie sind Sie auf den starken Alkoholkonsum des Mitarbeiters aufmerksam geworden?
- Wie oft fällt der Mitarbeiter durch übermäßigen Alkoholkonsum auf?
- Trinkt der Mitarbeiter auch während der Arbeitszeit?
- Wie ist die Entwicklung im Zeitverlauf?
- Gibt es ein bestimmtes Trink-Muster, beispielsweise immer montags oder bei hohem Arbeitsanfall, oder einen einschneidenden Anlass, beispielsweise eine Trennung in der Familie des Mitarbeiters?
- Welche Auswirkungen hat das Trinkverhalten des Mitarbeiters auf Arbeitsergebnisse und Arbeitsgeschwindigkeit, Zuverlässigkeit, Sozialverhalten und seine Kollegen?
- Gehen mit dem übermäßigen Alkoholkonsum noch andere Probleme einher, etwa herabgesetzte Hygiene-Standards?
- Welche unternehmensinternen Ansprechpartner könnten Sie unterstützen, beispielsweise Betriebsarzt, Personalabteilung oder Betriebsrat?
- An welche lokalen Hilfsangebote können Sie den Mitarbeiter verweisen, zum Beispiel an seinen Hausarzt, die kirchliche Seelsorge oder die Anonymen Alkoholiker?

Gesprächsverlauf

Das Interventionsgespräch wegen übermäßigen Alkoholkonsums ist eine Gratwanderung zwischen der Kommunikation einer klaren Erwartungshaltung einerseits („Alkoholkonsum, der Ihre Arbeit beeinträchtigt, toleriere ich nicht.“) und einer unterstützenden, helfenden Grundhaltung andererseits („Sie finden eine Lösung und ich helfe Ihnen dabei.“). Der Mitarbeiter ist frei in seiner Entscheidung, ob er diesen Weg mitgehen möchte. Für den Fall, dass er dies ablehnt, zeigt die Führungskraft Konsequenzen auf, beispielsweise das Hinzuziehen von Betriebsarzt und Personalabteilung oder auch eine Abmahnung. Es braucht also klare, unverrückbare Leitplanken, innerhalb derer Verständnis für die Situation des Mitarbeiters hilfreich ist.

Kernaussagen

Download: Kernaussagen und Navigationsfragen

- Ich möchte Sie heute auf ein persönliches Thema ansprechen: Mir ist aufgefallen, dass Sie häufig nach Alkohol riechen/alkoholisiert im Büro sind.
- Mir ist auch aufgefallen, dass Ihre Arbeitsergebnisse seit einiger Zeit nicht mehr die gewohnte Qualität aufweisen/Sie öfter zu spät kommen.
- Das toleriere ich nicht und ich erwarte, dass Sie bei der Arbeit nüchtern sind.
- Ich schätze Sie als Mitarbeiter, und wir verstehen uns ja auch persönlich gut, kurz – ich habe Sie gern in meinem Team. Deshalb ist mir viel daran gelegen, dass Sie Ihren Alkoholkonsum in den Griff bekommen.
- Mir ist es wichtig, dass Sie in dieser Sache aktiv werden und für Abhilfe sorgen. Dabei unterstütze ich Sie, wenn Sie das wollen.
- Ich biete Ihnen gern an, auch darüber zu sprechen, was vielleicht hinter dem Trinken steht, ob Sie vielleicht etwas bedrückt, sei es privat oder hier in der Firma.
- Es gibt eine Reihe von Einrichtungen, an die Sie sich außerdem wenden können, um Hilfe zu bekommen. Ich habe Ihnen hier zwei aufgeschrieben, von denen ich schon Gutes gehört habe.
- Bitte überlegen Sie sich bis Ende der Woche, wie Sie mit dem Thema umgehen wollen, und lassen Sie uns am Freitag einen weiteren Gesprächstermin vereinbaren.
- Was ich Ihnen auch sagen muss: Wenn Sie nichts ändern, bin ich gezwungen, die Personalabteilung einzuschalten.

Navigationsfragen

- Welche Gedanken gehen Ihnen durch den Kopf?
- Wie wollen Sie mit der Situation umgehen?
- (Wie) Wollen Sie Abhilfe schaffen?
- (Wie) Kann ich Sie dabei unterstützen?
- Welche Ideen für eine Lösung haben Sie vielleicht schon?

Einwandbehandlung

Ja klar, manchmal trinke ich eben einen über den Durst. Aber daraus gleich so eine Sache zu machen, das verstehe ich nicht.

- So harmlos wie Sie sehe ich das nicht. Ich rieche Ihre Fahne oft noch am späten Vormittag/schon mittags und mehrmals in der Woche. Das kann ich nicht mehr tolerieren.

Ja, ich habe gerade ein paar Probleme und dann trinke ich mal ein Gläschen mehr. Aber das bekomme ich schon wieder in den Griff.

- Mein Eindruck ist, dass Ihnen die „paar Probleme" ganz schön zu schaffen machen. Darüber können wir gern sprechen, wenn Sie das auch wollen. Was ich nicht weiter hinnehme, ist, dass Sie bei der Arbeit angetrunken sind.

Jetzt sind Sie ja päpstlicher als der Papst. Wir trinken doch alle ganz gern mal ein Glas.

- Ja, das stimmt wohl. Und die Kollegen wissen auch, wann es genug ist. Bei Ihnen stelle ich wiederholt fest, dass Sie im Büro angetrunken sind. Das kann ich nicht zulassen.

Kommunikationsklippen

Entschuldigungen und vermeintliche Begründungen für übermäßigen Alkoholkonsum gibt es viele. Bleiben Sie deshalb bei Ihrer Linie und lassen Sie sich nicht auf Verhandlungen ein.

Abmahnung

Rechtlich verbindliches Warnsignal

Wenn bei nicht akzeptablem Verhalten oder einer ungenügenden Leistung eines Mitarbeiters durch Gespräche keine Verbesserung erreicht wird, steht der Führungskraft das Mittel der Abmahnung zur Verfügung. Die Abmahnung ist ein rechtlich verbindliches Warnsignal für den Mitarbeiter, das im Wiederholungsfall ggf. eine Kündigung nach sich ziehen kann.

Auch wenn es keine expliziten Fristen gibt, sollte die Abmahnung zügig nach dem Anlass erfolgen. Neben dem Abmahnungsgespräch ist es nicht notwendig, aber empfehlenswert, dem Mitarbeiter die Abmahnung schriftlich auszuhändigen und sich den Erhalt ggf. bestätigen zu lassen. Das eigentliche Abmahnungsgespräch ist von kurzer Dauer – auf Diskussionen über die Abmahnung sollte sich die Führungskraft nicht einlassen. Gegebenenfalls kann der Mitarbeiter eine Gegendarstellung für die Personalakte verfassen.

Aufgrund des komplexen Arbeitsrechts ist es unbedingt zu empfehlen, bei einer Abmahnung einen Arbeitsrechtler beratend hinzuzuziehen.

Fragen zur Gesprächsvorbereitung

- Rechtfertigt das Verhalten bzw. die Leistung des Mitarbeiters eine Abmahnung?
- Haben Sie das Verhalten bzw. die Leistung präzise und konkret dokumentiert?
- Haben Sie es im Vorfeld konsequent und im Guten versucht, die Missstände zu beheben?
- Haben Sie die Klärungsversuche und Mitarbeitergespräche im Vorfeld der Abmahnung dokumentiert?
- Haben Sie sich mit einem Arbeitsrechtler abgestimmt?

Gesprächsverlauf und Kernaussagen

Die Abmahnung besteht im Wesentlichen aus drei Teilen:

- Die Abmahnung selbst inklusive der genauen Beschreibung des Verhaltens, verbunden mit dem Hinweis auf die Pflichtverletzung, beispielsweise: Ich mahne Sie ab, weil Sie in der vergangenen Woche an vier Tagen verspätet zur Arbeit erschienen sind, und zwar am Montag um 9:30 Uhr, am Dienstag um ... usw. Der vereinbarte Arbeitsbeginn ist 9:00 Uhr; Sie haben Ihre arbeitsvertraglichen Pflichten somit nicht erfüllt.
- Der Aufforderung zur Verhaltensänderung, beispielsweise: Ich fordere Sie auf, ab sofort wieder pünktlich um spätestens 9:00 Uhr zur Arbeit zu erscheinen.
- Der Androhung arbeitsrechtlicher Konsequenzen im Wiederholungsfall, beispielsweise: Sollten Sie weiterhin verspätet zur Arbeit erscheinen, müssen Sie mit arbeitsrechtlichen Konsequenzen bis hin zur Kündigung rechnen.

Die Rubriken „Kernaussagen“ und "Navigationsfragen“ sind hier nicht aufgeführt, da die Abmahnung im Wesentlichen einen Mitteilungscharakter hat.

Mustertext Abmahnung

Sehr geehrte(r) Herr/Frau ... [Name einfügen], als Arbeitnehmer im Bereich ... [Funktion einfügen] unseres Unternehmens sind Sie verpflichtet, ... [kurze Aufgabenbeschreibung einfügen]. Zu Ihren arbeitsvertraglichen Pflichten gehört ferner ... [relevante Details ergänzen]. Ihr Verhalten gab Anlass zur Beanstandung, weshalb wir Sie förmlich abmahnen: ... [Beschreibung des Verstoßes]. Mit Ihrem Verhalten haben Sie gegen Ihre arbeitsver-

Download: Mustertext

> traglichen Pflichten als ... [Funktion nennen] verstoßen. Wir fordern Sie hiermit (eindringlich) auf, Ihren arbeitsvertraglichen Pflichten in Zukunft nachzukommen und insbesondere ... [gewünschtes Verhalten benennen]. Wir weisen Sie darauf hin, dass Sie im Fall von wiederholten Verstößen mit weiteren arbeitsrechtlichen Konsequenzen bis hin zur Kündigung Ihres Arbeitsverhältnisses rechnen müssen. Eine Kopie dieser Abmahnung nehmen wir zu Ihrer Personalakte. Mit freundlichen Grüßen

Einwandbehandlung

Das finde ich ungerecht, es kommt jeder mal zu spät, und ich darf das jetzt ausbaden.

- Ich hatte Sie im Vorfeld häufiger gebeten, pünktlich zur Arbeit zu kommen. In der Abmahnung sehe ich jetzt die letzte Möglichkeit, Ihnen die Wichtigkeit und Dringlichkeit des Themas zu verdeutlichen: Es handelt sich um eine Verletzung Ihrer arbeitsvertraglichen Pflichten.

Das nehme ich so nicht hin, das stimmt einfach nicht.

- Ich habe die Verspätungen und die genauen Zeitangaben so protokolliert, an zwei Tagen hat Sie auch mein Kollege Herr Meiers zu spät kommen sehen. Wenn Sie dennoch nicht einverstanden sind, können Sie eine Gegendarstellung für Ihre Personalakte anfertigen. An der Abmahnung ändert das nichts.

Das sind ja Sitten wie in einem Überwachungsstaat, was für ein lausiges Betriebsklima.

- Mir wäre es auch viel lieber, Sie würden selbst auf die Einhaltung Ihrer Arbeitszeiten achten, dann hätten Sie uns diesen Termin erspart.

Kommunikationsklippen

Beziehen Sie die Abmahnung auf einen konkreten Verhaltensverstoß

Eine Abmahnung sollte sich auf ein konkretes Verhalten beziehen. Es ist nicht empfehlenswert, mehrere Verstöße in einer Abmahnung zu thematisieren, denn im Fall der Unwirksamkeit eines Teils der Abmahnung, wäre die gesamte Abmahnung hinfällig.

Nächste Schritte

Wiederholt sich das abgemahnte Verhalten des Mitarbeiters, können Sie je nach Relevanz beim zweiten oder dritten Mal eine Kündigung aussprechen. Wiederholt sich das Fehlverhalten des Mitarbeiters erst nach längerer Zeit, beispielsweise, indem er ein halbes Jahr nach der Abmahnung erstmalig wieder zu spät zur Arbeit kommt, ist das in der Regel kein Kündigungsgrund mehr, weil er sich zwischenzeitlich vertragsgemäß verhalten hat.

Wichtiger Hinweis: Dieses Kapitel stellt eine qualifizierte Orientierungshilfe dar, ersetzt aber keine Rechtsberatung. Bitte holen Sie im konkreten Fall den Rat eines Arbeitsrechtlers ein.

Wenden Sie sich an einen Arbeitsrechtler

3.6 Fokus Trennung

Kündigung

Kündigungen gehören zum Berufsalltag. Dabei legen viele Unternehmen heute Wert auf eine konstruktive Trennungskultur. Denn der Umgang mit ausscheidenden Mitarbeitern hat großen Einfluss auf die Stimmung im Unternehmen sowie auf den persönlichen Eindruck, den der betroffene Mitarbeiter vom Unternehmen zurückbehält und ggf. an Dritte vermittelt. Darüber hinaus reduziert eine konstruktive, professionelle Trennungskultur die Wahrscheinlichkeit rechtlicher Auseinandersetzungen. Kern dieser Trennungskultur ist das Trennungsgespräch. Ist die Trennungsentscheidung gefallen, sollte die Führungskraft zügig, klar und offen mit dem betroffenen Mitarbeiter sprechen.

Abb.: Verfolgen Sie eine konstruktive Trennungskultur

Nehmen Sie sich die Zeit für die Trennungsbegründung

Die Kernbotschaft eines Trennungsgesprächs ist schnell vermittelt und sollte – auch im Interesse des Mitarbeiters – nicht diskutiert werden. Nehmen Sie sich allerdings ausreichend Zeit für die Trennungsbegründung und mögliche Fragen des Mitarbeiters. Darüber hinaus ist ein Zeitpuffer für den Fall sinnvoll, dass der Mitarbeiter emotional reagieren sollte. In Summe ist eine Gesprächsdauer von einer halben bis dreiviertel Stunde empfehlenswert. Nach Bedarf können Sie dem Mitarbeiter einen Folgetermin anbieten. Eine schriftliche Zusammenfassung der Konditionen gehört ebenfalls zum Gespräch, da sich in dieser Situation kaum ein Mitarbeiter alle Details merken kann.

Fragen zur Gesprächsvorbereitung

- Aus welchen Gründen trennen Sie sich von dem Mitarbeiter?
- Inwiefern stehen Sie persönlich hinter der Entscheidung?
- Wie könnte der Mitarbeiter reagieren? Sollte das so eintreffen, wie wollen Sie damit umgehen?
- Gibt es besondere (private) Rahmenbedingungen beim Mitarbeiter, welche die Situation für ihn zusätzlich erschweren und auf die Sie gezielt eingehen wollen?
- Welche Angebote gehen mit der Kündigung einher, beispielsweise eine Abfindung oder Outplacement-Beratung?
- Haben Sie die Rahmenbedingungen und Abläufe der Trennung aus Unternehmenssicht schriftlich für den Mitarbeiter vorbereitet (Fristen, Freistellung, Abfindung, Zeugnis, ...)?

Gesprächsverlauf

Das Trennungsgespräch folgt einer klaren Struktur und besteht im Wesentlichen aus vier Teilen:

- der Trennungsbotschaft („Wir trennen uns von Ihnen."), die gleich zu Beginn des Gesprächs ausgesprochen werden sollte,
- der sachlichen und fundierten Begründung der Trennungsentscheidung,
- der Erläuterung der Rahmenbedingungen und der nächsten Schritte aus Sicht des Arbeitgebers (mündlich und schriftlich) und
- dem Eingehen auf die Fragen und Reaktionen des Mitarbeiters.

Kernaussagen

- Ich habe mich entschieden, das Arbeitsverhältnis mit Ihnen zu beenden.

- Wir haben uns entschieden, Ihren Arbeitsvertrag zu beenden.
- Im Rahmen des aktuellen Personalabbaus sind auch Sie betroffen. Ihre Stelle entfällt und wir haben entschieden, dass wir uns von Ihnen trennen.
- Ihr Arbeitsverhältnis endet zum ... (Datum nennen).
- Diese Gründe waren für meine/unsere Entscheidung maßgeblich: ... (Gründe nennen und erläutern).

Download: Kernaussagen

Die Rubrik Navigationsfragen entfällt, da dieses Gespräch eher den Charakter einer Mitteilung hat.

Einwandbehandlung

Warum gerade ich – und nicht Frau Meyer? Das finde ich ungerecht.

- Wir haben die Gründe für unsere Entscheidung sorgfältig abgewogen – ich erläutere sie Ihnen gern noch einmal. Zu unserer Entscheidung stehen wir.

Das verstehe ich nicht, darüber würde ich gern noch einmal sprechen.

- Die Gründe, die uns zu der Trennung von Ihnen veranlasst haben, habe ich Ihnen erläutert: Stichwort Restrukturierung. Haben Sie dazu noch Fragen?

Sie können mir doch nicht erzählen, dass es in dieser Firma nirgendwo eine Beschäftigungsmöglichkeit für mich gibt!

- Wir haben in der Geschäftsführung lange darüber diskutiert, und ich bin der Meinung, das ist die beste Entscheidung.

Das ist unfair. Ich habe immer gedacht, wir wären mehr als nur Kollegen.

- Ich hoffe auch, dass wir weiterhin den Kontakt halten. Zu der Entscheidung stehe ich allerdings. Und es tut mir persönlich sehr leid.

Ach, kommen Sie mir nicht so. Sie sind doch froh, dass Sie mich los sind.

- In den letzten Monaten hat es in der Tat einige Probleme gegeben und unsere Lösungsversuche haben nicht funktioniert. Deshalb haben wir uns zu diesem Schritt entschlossen. Mir wäre es auch lieber, wir hätten einen anderen Weg gefunden.

Ich kann jetzt gar nichts dazu sagen, damit hätte ich niemals gerechnet *(der Mitarbeiter hat Tränen in den Augen).*

- Wie wäre es, wenn wir uns heute Nachmittag, so gegen 14:00 Uhr, noch einmal zusammensetzen? Dann können wir alles Weitere besprechen.

Das akzeptiere ich so nicht, ich schalte einen Anwalt ein.

- Ja, wenn Sie nicht einverstanden sind, ist es eine gute Idee, die Entscheidung von einem Anwalt prüfen zu lassen.

Das akzeptiere ich so nicht, ich gehe zum Betriebsrat.

- Ja, der Betriebsrat war in die Entscheidung eingebunden. Frau Schmid ist die beste Ansprechpartnerin für Sie, sie kennt die Details.

Was soll ich denn jetzt nur machen? Nach so vielen Jahren?

- Diese Frage kann ich gut verstehen. Deshalb bieten wir Ihnen eine Outplacement-Beratung an, die Sie bei der beruflichen Neuorientierung unterstützt. Gern erläutere ich Ihnen hierzu weitere Einzelheiten.

Kommunikationsklippen

Ein Fehler wäre es, das Kündigungsgespräch als Führungskraft nicht selbst zu führen und es beispielsweise an die Personalabteilung zu delegieren. Dadurch, dass die Führungskraft das Gespräch selbst führt, zeigt sie Verantwortung für ihre Entscheidung und hinterlässt bei ihrem Mitarbeiter einen verbindlichen Eindruck.

Verzichten Sie auf Small Talk

Am Anfang eines Trennungsgesprächs wird oft zu viel Zeit mit einleitendem Small Talk („Wie geht es Ihnen?“) oder gar positivem Feedback („Wir schätzen Sie als engagierten Mitarbeiter.“) verbracht. Darauf sollte man verzichten und zügig zur Sache kommen. Die Versuchung ist groß, sich als Führungskraft für die Entscheidung zu rechtfertigen oder zu entschuldigen. Es hilft dem Mitarbeiter jedoch nicht, wenn die Führungskraft unsicher ist oder mitleidet. Deshalb ist es hilfreich, dass die Führungskraft in ihrer Funktion hinter der Entscheidung steht und diese klar kommuniziert.

Ein Unsicherheitsfaktor im Trennungsgespräch ist für viele Führungskräfte die Reaktion des Mitarbeiters. Kommt es im Gespräch zu herausfordernden emotionalen Reaktionen des Mitarbeiters, helfen diese Hinweise weiter:

Was tun bei emotionalen Reaktionen?

Der Mitarbeiter reagiert aufgelöst. Reagiert der Mitarbeiter aufgelöst und bricht beispielsweise in Tränen aus, reichen Sie Taschentücher und lassen ihm Zeit, sich zu sammeln. Sie sollten nicht versuchen, die Situation zu beschönigen oder Ihre Entscheidung zur Diskussion zu stellen. Bleiben Sie aufmerksam und schweigen Sie, bis sich der Mitarbeiter wieder gefasst hat. Bieten Sie dann Unterstützung an, indem

Sie beispielsweise die nächsten konkreten Schritte erläutern oder ein zeitnahes Folgegespräch vereinbaren.

Der Mitarbeiter wird zornig. Reagiert der Mitarbeiter laut, geben Sie ihm Zeit, seinen Ärger zum Ausdruck zu bringen. Behalten Sie einen ruhigen, sachlichen Ton bei und lassen Sie sich nicht provozieren. Kommt der Mitarbeiter wieder zur Ruhe, können Sie Verständnis ausdrücken und zum Thema zurückkommen („Ich verstehe, dass Sie das verärgert und würde jetzt gern mit Ihnen über die konkreten Regelungen sprechen."). Beruhigt sich der Mitarbeiter nicht, ist es besser, das Gespräch vorerst zu beenden und zeitnah fortzusetzen.

Der Mitarbeiter schweigt. Schweigen ist wohl diejenige Reaktion, mit der am schwersten umzugehen ist, weil man keinerlei Anhaltspunkte hat, was in dem Mitarbeiter vorgeht. Achten Sie in diesem Fall auf die nonverbalen Signale des Mitarbeiters und geben Sie ihm Zeit, die Nachricht zu verarbeiten. Wenn Sie ein gutes Verhältnis zueinander haben, können Sie versuchen, den Mitarbeiter durch gezielte Fragen zu aktivieren („Was geht Ihnen gerade durch den Kopf?"). Ein Ausblick auf die nächsten konkreten Schritte im Trennungsprozess bietet dem Mitarbeiter Struktur und somit mehr Sicherheit.

Der Mitarbeiter gibt sich betont sachlich. Die wahrscheinlichste Reaktion des Mitarbeiters ist ein sachliches Eingehen auf die Kündigung, z.B. durch Fragen nach dem weiteren Vorgehen. Das ist für die Führungskraft auch die angenehmste Reaktion. Allerdings täuscht sie nicht selten über die wahren Gefühle des Mitarbeiters hinweg – in seinem Inneren kann es durchaus brodeln. Deshalb ist es neben der Beantwortung der Sachfragen wichtig, auf die Zwischentöne und nonverbalen Signale des Mitarbeiters zu achten, ggf. einige gezielte Nachfragen zu stellen und dem Mitarbeiter ein Folgegespräch anzubieten.

Exit-Interview

Erfragen Sie die Austrittsgründe

Wenn Mitarbeiter von sich aus kündigen, ist es in vielen Unternehmen Standard, ein Austrittsgespräch oder sogenanntes Exit-Interview zu führen, um mehr über die Gründe des Mitarbeiters zu erfahren. Außerdem dient das Austrittsgespräch dazu, dem Mitarbeiter gegenüber die Wertschätzung des Arbeitgebers zum Ausdruck zu bringen. Das Austrittsgespräch kann die Führungskraft in vielen Fällen selbst führen. Für den Fall, dass die Führungskraft selbst Teil der Trennungsbegründung ist, wenn es also Spannungen gab, kann es besser sein, das Gespräch von neutraler Seite führen zu lassen, beispielsweise durch einen Kollegen aus der Personalabteilung.

Abb.: Im Austrittsgespräch drückt der Arbeitgeber dem scheidenden Mitarbeiter seine Wertschätzung aus

Fragen zur Gesprächsvorbereitung

- Erscheint es Ihnen vor dem Hintergrund Ihrer Beziehung zum Mitarbeiter geeignet, das Exit-Interview selbst zu führen oder wäre ein unabhängiger Dritter geeigneter?

Gesprächsverlauf

Als eher „leichtes" Gespräch ist eine bestimmte Reihenfolge der Fragen nicht erforderlich – die Navigationsfragen bieten Ihnen Anregungen, um ins Gespräch zu kommen.

Navigationsfragen

Download: Kernaussagen und Navigationsfragen

- Aus welchen Gründen haben Sie sich dazu entschlossen, eine neue Aufgabe außerhalb unseres Hauses zu suchen?
- Welche Faktoren auf unserer Seite waren ausschlaggebend dafür, dass Sie sich für einen Wechsel entschieden haben?
- Was hätten wir ändern können, damit Sie geblieben wären?
- Auf einer Skala von 1 bis 10, wie beurteilen Sie die folgenden Aspekte Ihrer Tätigkeit bei uns?
  - Attraktivität Ihrer Aufgabe
  - Weiterbildungsmöglichkeiten
  - Karriereentwicklung
  - Unternehmenskultur und -werte
  - Zusammenarbeit mit Ihren Kollegen
  - Zusammenarbeit mit mir/Ihrer Führungskraft
  - Gehalt und Nebenleistungen

- Sie waren ja eine ganze Weile bei uns, was hat Ihnen gut gefallen?

Kernaussagen

- Danke für Ihren Einsatz und die guten Ergebnisse. Besonders hervorheben möchte ich diese zwei Projekte, bei denen Sie einen entscheidenden Beitrag geleistet haben: ...
- Ich verstehe Ihren Schritt. Persönlich finde ich es schade, dass Sie gehen, denn ich schätze Sie sehr. Mir hat unsere Zusammenarbeit Spaß gemacht.
- Für die neue Aufgabe wünsche ich Ihnen viel Erfolg.
- Ich freue mich, wenn wir in Kontakt bleiben.
- Für den Fall, dass Sie sich wieder einmal nach einer neuen Aufgabe umschauen: Sie sind bei uns jederzeit willkommen.

3.7 Extra

Upward-Feedback

Feedback von Mitarbeitern an ihre Führungskraft

Feedback von Mitarbeitern an ihre Führungskraft, das sogenannte Upward-Feedback, bietet Ihnen die Chance, die eigene Führungskompetenz zu reflektieren und auszubauen. Und eine optimierte Führungsleistung trägt zu einer konstruktiven Teamkultur bei und zahlt so auf Motivation und Leistung jedes einzelnen Mitarbeiters ein. Neben institutionalisierten Formen des Feedbacks, wie beispielsweise dem 360°-Feedback, kann es hilfreich sein, sich immer wieder einmal eine persönliche Rückmeldung aus dem Team einzuholen, beispielsweise im Jahresgesprächs oder in einem One-to-One. Je nach Gesprächsqualität und Offenheit des Mitarbeiters ist etwa eine halbe Stunde Gesprächszeit ausreichend.

Download: Fragen zur Gesprächsvorbereitung

Fragen zur Gesprächsvorbereitung

- Angenommen, Sie wären Ihr eigener Mitarbeiter: Was würde Ihnen an Ihrer Art, zu führen, gut gefallen, was vielleicht weniger gut?
- Welche drei positiven Eigenschaften, die Sie treffend beschreiben, würden Ihrem Mitarbeiter wahrscheinlich zuerst einfallen? Welche ein bis zwei Punkte mit Optimierungspotenzial?

- Wie bewerten Sie Ihre Beziehung zu dem betreffenden Mitarbeiter auf einer Skala von 1 bis 10? Wie würde der Mitarbeiter diese Frage wohl beantworten?
- In welchen Punkten konnten Sie dem Mitarbeiter im Beurteilungszeitraum einen Mehrwert bieten?
- An welchen Punkten hat es ggf. Spannungen gegeben?
- Wie schätzen Sie, jeweils auf einer Skala von 1 bis 10, die Zufriedenheit des Mitarbeiters hinsichtlich folgender Aspekte ein?
  - Aufgaben: Passung, Umfang, Herausforderung, Arbeitsbelastung, ...
  - Arbeitsweise: selbstständig, vertrauensvoll, zielstrebig, ...?
  - Entwicklung: Verantwortung, Herausforderung, Training, Beförderung, ...
  - Umgang im Team: wertschätzend, offen, konfliktfähig, ...
  - Anerkennung: Feedback, materiell, immateriell
  - Persönliche Beziehung zum direkten Vorgesetzten

- Wie könnte der Mitarbeiter Sie als Führungskraft auf der Bandbreite zwischen den folgenden Gegensatzpaaren einschätzen?
  - strategisch vs. operativ
  - aufgabenorientiert vs. personenorientiert
  - auf Augenhöhe vs. hierarchiebewusst
  - herausfordernd vs. laisser-faire
  - wohlwollend/unterstützend vs. kritisch
  - direkt/transparent vs. politisch
  - vertrauensvoll vs. kontrollierend
  - stetig/regelorientiert vs. flexibel
  - humorvoll vs. ernst
  - locker vs. korrekt
  - werteorientiert vs. pragmatisch
  - strukturiert/planend vs. bedarfsorientiert/ad hoc
  - entscheidungsstark vs. abwägend
- Was würde sich der Mitarbeiter von Ihnen vielleicht mehr, weniger oder anders von Ihnen wünschen?

Gesprächsverlauf

Beim Mitarbeiter-Feedback an die Führungskraft sind drei verschiedene Szenarien vorstellbar, die jeweils ein unterschiedliches Vorgehen erfordern: Im ersten Fall ist das Verhältnis zwischen Mitarbeiter und Führungskraft neutral bis (sehr) gut. Hier empfiehlt sich ein Gesprächseinstieg mit offenen Fragen. Ist das Verhältnis etwas angespannt, sollte die Führungskraft dies mit einem offenen Wort gleich zu Gesprächsbeginn thematisieren. Das macht es dem Mitarbeiter einfacher, über diese Punkte zu sprechen. Ist das Verhältnis zwischen Mitarbeiter und

Führungskraft hingegen sehr angespannt oder konfliktbeladen, ist von einem Aufwärts-Feedback als „leichtem" Gesprächsformat abzuraten. In solchen Fällen ist stattdessen beispielsweise ein Coaching für die Führungskraft die bessere Wahl.

Download: Kernaussagen und Navigationsfragen

Navigationsfragen

- Wie erleben Sie unsere Zusammenarbeit?
- Wie schätzen Sie die Qualität unserer Zusammenarbeit auf einer Skala von 1 bis 10 ein? Was trägt positiv dazu bei? Was fehlt vielleicht?
- Wo unterstütze ich Sie im Alltag, einen guten Job zu machen? Wo und wie könnte ich das noch besser tun?
- Gibt es Aspekte unserer Zusammenarbeit, die Sie sich anders wünschen? Welche sind das?
- Wie erleben Sie die Zusammenarbeit im Team? Was gefällt Ihnen gut, was weniger gut?
- Mir gefällt die Zusammenarbeit auch sehr gut, aber es gibt doch bestimmt etwas zu verbessern?
- Wie zufrieden sind Sie, jeweils auf einer Skala von 1 bis 10, mit den folgenden Punkten?
  - Interessante Aufgaben
  - Ressourcenausstattung
  - Klare Prioritäten und Ziele
  - Persönliche Entwicklung
  - Anerkennung und Feedback
  - Zusammenarbeit im Team

- Zwei, drei konkrete Rückfragen habe ich noch an Sie: Ich bin ja öfter nicht so leicht zu erreichen. Wie ist das für Sie?
- Was würden Sie sich von mir als Führungskraft noch wünschen?

Kernaussagen

- Ich möchte unser Gespräch heute nutzen, um mehr darüber zu erfahren, wie Sie unsere Zusammenarbeit einschätzen und wie Sie mich als Führungskraft erleben.
- Ich habe das Gefühl, dass unsere Zusammenarbeit im Moment nicht mehr so reibungslos verläuft, wie ich das bisher kannte. Deshalb wollte ich gern das Gespräch mit Ihnen suchen und einmal ganz gezielt nachfragen, wie Sie unsere Zusammenarbeit aktuell erleben.
- Das habe ich so noch gar nicht gesehen, darüber denke ich gern nach.
- Das ist ein guter Hinweis, das können wir gleich ändern, danke.

- Zu diesem Punkt kann ich Ihnen nichts versprechen, ich nehme ihn aber auf alle Fälle mit und gebe Ihnen in den nächsten zwei Wochen eine Rückmeldung.
- Ich danke Ihnen für dieses Gespräch und für Ihre Offenheit, das hat mir gut gefallen.
- Kommen Sie in der Zwischenzeit gern auf mich zu, wenn Sie zu diesen Themen noch Gesprächsbedarf haben.

Einwandbehandlung

Ich glaube ja nicht, dass sich tatsächlich etwas ändern wird.

- Gut, dass Sie das so offen sagen. Versprechen kann ich Ihnen das vorab nicht, ich würde mich allerdings freuen, wenn Sie die Chance nutzen. Ich bin sehr interessiert an Ihrer Einschätzung.

Meinen Sie das wirklich ernst, ich soll Sie jetzt beurteilen?

- Wenn Ihnen diese Formulierung zu hart erscheint, können wir ja damit starten, wie zufrieden Sie mit verschiedenen Aspekten unserer Zusammenarbeit sind, beispielsweise mit ...

Kommunikationsklippen

Überfrachten Sie das Gespräch nicht

Zunächst kann es, je nach Unternehmenskultur, für Mitarbeiter ungewohnt sein, die eigene Führungskraft einzuschätzen. In diesem Fall sollte das Instrument des Aufwärts-Feedbacks anfangs nicht überfrachtet werden. Ein bis zwei interessierte Rückfragen seitens der Führungskraft, beispielsweise bei einem One-to-One, können dann erst einmal ausreichen, um Vertrauen in das neue Instrument aufzubauen.

Bei kritischem Feedback sollte sich die Führungskraft nicht rechtfertigen. Wie bei jedem Feedback sollte gelten, die Aussagen des Gesprächspartners erst einmal stehen und wirken zu lassen.

Nächste Schritte

Wenn Führungskräfte ihre Mitarbeiter nach deren Meinung fragen, sollte im Nachgang deutlich werden, dass sie sich damit auch auseinandergesetzt haben. Nicht jeder Wunsch des Mitarbeiters muss in die Tat umgesetzt werden. Eine Rückmeldung darüber, was das Feedback bei Ihnen bewirkt hat und was davon Sie umsetzen bzw. ändern wollen, ist auf alle Fälle zu empfehlen.

Service

Literaturverzeichnis

- Buckingham, Marcus & Clifton, Donald O.: Entdecken Sie Ihre Stärken jetzt. Frankfurt am Main 2016.
- Cooke, Robert A. et al.: Measuring Normative Beliefs and Shared Behavioral Expectations in Organizations, Psychological Reports 1993 (pp. 1299-1330).
- Csikszentmihalyi, Mihaly: Flow im Beruf. Stuttgart 2014.
- Gabrisch, Jochen: Die Besten entdecken: Über 800 Fragen für erfolgreiche Auswahlgespräche mit Fach- und Führungskräften. 4. Auflage, Köln 2013.
- Gabrisch, Jochen: Die Besten im Gespräch: Mitarbeitergespräche von Auswahl bis Zielvereinbarung. Köln 2014.
- Gladwell, Malcolm: Tipping Point, München 2016.
- Jones, Quentin et al.: In Great Company. Sydney 2006.
- Malik, Fredmund: Führen Leisten Leben. Frankfurt am Main 2014.
- McClelland, David: Human Motivation. Cambridge 2009.
- Mentzel, Wolfgang: Mitarbeitergespräche. Freiburg 2015.
- Minto, Barbara: Das Prinzip der Pyramide. München 2005.
- Nerdinger, Friedemann; Blickle, Gerhard & Schaper, Niclas: Arbeits- und Organisationspsychologie. Heidelberg 2014.
- Rosenberg, Marshall B.: Gewaltfreie Kommunikation. Paderborn 2016.
- Sarges, Werner (Hrsg.): Management-Diagnostik. Göttingen 2013.
- Schulz, Rolf: Toolbox zur Konfliktlösung. Freising 2015.
- Sprenger, Reinhard K.: Mythos Motivation. Frankfurt am Main 2014.

Stichwortverzeichnis

A

Abmahnung ... 112, 113
Alkoholmissbrauch ... 109
Analyse der Teamkultur ... 30
Aufgabenerteilung ... 39
Aufgabenübergabe ... 40
Auswahlgespräch ... 59

B

Beurteilung ... 90
Beziehungsebene ... 69
Beziehungsqualität ... 87
Bilaterales Interventionsgespräch ... 103

C

Change-Kommunikation ... 99

D

Delegieren ... 39
Der innere Dialog ... 28

E

Einwände ... 13
E-Kommunikation ... 37
E-Mails ... 37
Emotionale Reaktionen ... 118
Exit-Interview ... 119
Extra ... 121

F

Fachlaufbahn ... 83
Feedback ... 25
Feedforward ... 25, 26
Fokus Aufgabe ... 39
Fokus Einarbeitung ... 69
Fokus Feedback ... 43
Fokusfragen ... 23
Fokus Grundlagen ... 31
Fokus Handlungsbedarf ... 97
Fokus Leistung ... 87
Fokus Personalentwicklung ... 75
Fokus Personalgewinnung ... 59
Fokus Trennung ... 115
Fragetechnik ... 21
Führungsaufgaben im Change ... 18
Führungslaufbahn ... 82
Fürsorgepflicht ... 110

G

Gehalt ... 93
Gespräch ankündigen ... 18
Gespräch dokumentieren ... 28
Gespräch konstruktiv beenden ... 27
Gespräch reflektieren ... 28
Gesprächsabschluss ... 27
Gesprächsanlass ... 11
Gesprächsnachbereitung ... 27
Gespräch strukturieren ... 15
Gesprächsvorbereitung ... 11
Gesprächsziel ... 11, 12

I

Individuelle Stärken ... 76
Interviewleitfaden ... 61
Interviewtipps ... 59

K

Kennzeichen von Kultur ... 14
Klärungsgespräch ... 46
Klassisches Feedback ... 25
Kommunikation in Veränderungsprozessen ... 97
Konflikte entschärfen ... 102
Konflikte im Team ... 102
Konstruktive Rahmenbedingungen ... 18
Konstruktiv-interessierte Grundhaltung 49
Kritisches Feedback zum Verhalten ... 53
Kritisches Feedback zur Leistung ... 49
Kündigung ... 115

L

Laufbahnplanung ... 82
Leistungsgerechtigkeit ... 94
Lernen ... 64
Lernen optimieren ... 25
Lob ... 43

Lösungsfragen 24
Low Performer 106

M
Mikrobotschaften 17
Minderleister 106
Mitarbeiterführung 65
Mitarbeitergespräch 20
Mitarbeitergespräche im Personallebenszyklus 58
Motivation 66

N
Nachfragen 24
Nachhaken 24

O
Offene und geschlossene Fragen 22
Onboarding-Gespräch 69
One-to-Ones 31

P
Persönliche Agenda 16
Persönliche Entwicklung 75
Positives Feedback 43
Probezeitgespräch 71
Problemfragen 23
Projekt-Evaluation 35
Projektlaufbahn 82
Projekt-Management 34
Provozierende Einwände 13

R
Rollenverständnis 15
Rückkehrgespräch 85

S
Sachlichkeit 14
Schlichtungsgespräch 105
Seminar-Transfer 80
Sinnhaftigkeit der Veränderung 97
Situative Fragen 60
Skala 90
Small Talk 118
Social Media 39
Spielregeln 53
Sprache 19
Sprache im Führungsalltag optimieren 21
Stärken 63
STAR-Methode 79
Stimmungen 16

T
Tagesgeschäft 30
Talent Management 75
Teamkohäsion 22
Team-Meetings 34
Telefon- und Videokonferenzen 38
Trennungskultur 115

U
Umformulieren eines Dialogs 21
Unsachliche Einwände 13
Unternehmenswerte 53
Upward-Feedback 121

V
Veränderungsziele 101
Vereinbarungen konsequent nachhalten 28
Verhalten dokumentieren 56
Verhaltensauffälligkeiten 75
Verständnisfragen 23

W
Warm-up 62
Weiterbildungsplanung 80
Werkzeugkoffer Kommunikation 10
Wertschätzung 95
Wrap-up 67

Z
Zielvereinbarung 87
Zusammenarbeit 64
Zusammengehörigkeitsgefühl 34